我們的生活比你想的還物理

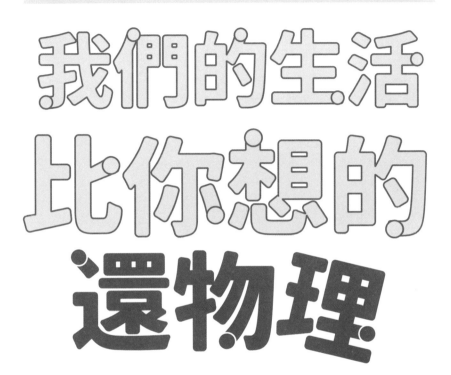

北一女中物理教師

簡麗賢 著

好讀有趣的科普書

　　與北一女簡麗賢老師結緣，是在幾年前大學學科能力測驗的試題分析會議，近年來則在命題、閱卷工作坊的場合與物理教育研討會見面。簡老師積極參與物理教學的研習，在會議中提出獨到見解和不同角度的思維，令人印象深刻。

　　後來知道簡麗賢老師致力推動學生閱讀教育，融入情境教學和命題，常以科學新聞作為教學時引起動機的素材，並撰寫短文作為「素養命題」的題胚，成為命題工作坊交流意見的好題材。

　　簡老師在教學和班級經營之餘，喜愛寫作，筆耕多年，為高中學生撰寫《如何學好高中物理》、科普書籍《生活物理SHOW》和《木星上的炸薯條最好吃？》等書籍。令我驚訝的是，他也創作口語表達的書，例如《一開口就打動人心》、《學校沒教的溝通課》等，呼應新課綱強調的口語表達能力。

　　簡老師在北一女開設高一學生多元選修課程「新聞中的物理 —— 讀報教育與媒體識讀」，以及高三多元選修課程「言之有物，說之有理 —— 科學寫作與短講」，這些課程跳脫部定課程的框架，引領學生閱讀新聞報導，學習用科學眼讀新聞；或閱讀科學專欄文章，學習如何科學寫作；或參訪臺北101，親身體驗超高速電梯的物理作用，以及揭開風阻尼球的神祕面紗。能夠設計這些精彩的課程，讓我佩服。

　　多元選修課程沒有部定教材，簡老師在幾年教學後，將所撰寫的運動與力學、聲波與光學、熱與電磁學、量子物理學、天災物理學等近40篇科普文章集結成科普書《我們的生活比你想的還物理》，書中內容深入淺出，傳達新聞報導和生活現象背後的科學概念，讀來趣味橫生。

　　物理就在生活中，物理學不是只記公式、算答案，不信的話，就翻開這本書，會有意想不到的收穫。

張敏娟
輔仁大學物理學系教授

處處留心皆物理

　　認識北一女的簡麗賢老師很久了，從 20 年前共同推動國科會和教育部的奈米科技人才培育到現在的量子科技教育，麗賢一直保持教育的熱忱和教學的熱情，共同推動科學教育和人才培育工作。

　　最近幾年我帶臺灣大學師資培育學生到北一女觀課，麗賢熱心接待，提供師資培育學生觀課的學習機會。

　　有一回觀課的課程是開設給高一學生多元選修課程「新聞中的物理──讀報教育與媒體識讀」，單元正好是「量子科技初探」，麗賢將量子科技教育種子教師培訓的教材融入選修課程中，以新聞媒體報導的量子科技內容啟發學生，開拓視野，引導學生進一步查閱資料，初步認識什麼是「量子穿隧」、「量子糾纏」等不易了解的專有名詞。因為是物理學系師資培育學生觀課，麗賢巧妙地製造機會教育給臺大的學生，請我這幾名物理系學生以較通俗口語化的語言，將「量子穿隧」、「量子糾纏」等專有名詞介紹給高一學生認識，增加臺大學生觀課的參與感。

　　如何將「量子穿隧」、「量子糾纏」等專有名詞，深入卻淺出，介紹給一般的學生和民眾了解概念，確實不容易。為什麼不容易？因為物理科普書既要正確傳遞概念，又不能太專業術語，作者必須能近取譬，善用比喻，卻不能引喻失義，因此有其難度。

　　麗賢喜愛寫作，文筆和表達能力非常好，常在報章閱讀他發表

教育觀點和科普文章。為了高一多元選修課程「新聞中的物理——讀報教育與媒體識讀」和高三多元選修課程「言之有物，說之有理——科學寫作與短講」，他課餘撰寫與新聞相關的科普文章，作為課堂閱讀教材，透過閱讀新聞報導和科學文章，奠定北一女學生的科學知識基礎，了解新聞報導背後的科學概念。

撰寫科普文章不容易，麗賢深諳「術業有專攻，聞道有先後」的道理，因此對於不確定的說法，他會謙虛寫信請教大學專業領域的老師。

知道麗賢將系統規劃寫作的科學普及文章集結成書，《我們的生活比你想的還物理》付梓問世，很替他高興。除了造福北一女的學生外，也能嘉惠臺灣的莘莘學子和喜愛閱讀的讀者，增加物理知識，提升媒體識讀能力。

生活中，處處留心皆物理。我鄭重推薦簡麗賢老師撰寫的《我們的生活比你想的還物理》。

傅昭銘

臺灣大學物理學系教授

用物理心讀新聞

認識簡麗賢老師多年，總是有驚喜。

起初只知道簡老師是本系系友和學長，任職高中母校北一女，比一般物理老師特別的是擅長寫作和演說。漸漸注意到簡老師是他發表在報端，關於教育時事的正義之聲，終於被簡老師圈粉是他協助國家科奧選手培訓的不遺餘力，是他對母系師培生循循善誘、殷殷期盼的動人演說。

自從 6 年前教育部開始推動新課綱後，素養教學和素養命題成為研討會或研習課程的重要主題。當許多老師苦惱於部定科學教學時數減少，學生自由選課增加教學負荷時，簡老師設計了高一多元選修課程「新聞中的物理 —— 讀報教育與媒體識讀」，以及高三多元選修課程「言之有物，說之有理 —— 科學寫作與短講」，當受邀擔任課程諮詢專家閱讀課程規劃後，不禁讚嘆：這不正是新課綱想在空白時間提供給孩子的世代能力與素養嗎？

如今此豐富多元的課程，不再是北一女小學妹專屬的幸福，透過簡老師本書的分享，更多師長可以開設此般如源頭活水的多元選修課程。選修課程沒有部定教材，教材的編選撰寫是一大考驗，千呼萬喚始出來的《我們的生活比你想的還物理》一書，大致依課綱主題分類為運動與力學、聲波與光學、熱與電磁學、量子物理學、天災物理學等章節，透過簡老師多年多元的教學經驗，深入淺出，

傳達新聞報導和生活現象背後的科學概念，累積近40篇，是非常好的科普書，也很適合作為相關選修課的參考書。

最近與簡老師見面，多在物理教育研討會和大學入學學測、指考等試題分析會議，或在命題、閱卷工作坊的研習場合。簡老師是我所認識最積極參與物理教學研習或研討會的老師，總能在會議中提出個人見解，提供多角度思維，為會議帶來正向回饋和腦力激盪。

如果擅長是一種能力、一種智商，而熱忱絕對是一種善良、一種情商。簡老師一直保持教育熱忱，喜愛寫作，筆耕多年，繼《如何學好高中物理》、《生活物理SHOW》和《木星上的炸薯條最好吃？》等書後，再次推出《我們的生活比你想的還物理》，由智商情商兩商兼具的商周出版社發行，謹此推薦給想要「眼中有新聞，心中有物理」，延伸新聞背後的物理概念，提升閱讀理解能力的讀者。

請翻開簡麗賢老師的書，和我一起，享受驚喜！

傅祖怡
臺灣師範大學物理學系教授

一起為臺灣的科學教育努力

　　簡麗賢老師是北一女資深的物理老師，雖然資深，但教學熱情不減，從他不怕疫情困擾，數次聯繫安排適當時間和課程，帶領北一女科學班學生參訪我的實驗室，做物理實驗，就知道他一直保持教育的熱忱。

　　多年來，我的團隊致力跨領域科學教育，也推動女學生學習數理科學教育，鼓勵中小學學生參加科學性質的營隊。不論是暑假或寒假的科學營隊，一推出課程，報名人數很快就額滿，顯然我們的家長很重視孩子的科學啟蒙教育，從孩子參加科學營之後的回饋，我了解推動科學教育是大學的使命之一。

　　德不孤，必有鄰，從物理教育年會的相關活動中，我知道許多大學和高中的物理老師，志同道合，關心科學教育，具有高度使命感，身體力行推動中小學科學教育，麗賢就是其中之一。從麗賢在物理教育的研討會和動手做的活動中，了解麗賢除了北一女物理教學和班級經營外，行有餘力則協助教育部高中物理學科中心辦理教師研習活動，假日則在臺北市、新北市的圖書分館推動科學教育，透過科學普及演講和親子動手做活動，帶給市民知性感性理性兼具的科學饗宴。

　　麗賢在北一女開設高一學生多元選修課程「新聞中的物理──讀報教育與媒體識讀」，以及高三多元選修課程「言之有物，說之

有理——科學寫作與短講」，這些課程都沒有部定教材，因此需要自行研發和撰寫教材，備課時間比一般的部定課程還要多。這幾年麗賢針對課程屬性，規劃系統寫作，逐漸累積多元選修課程的科普閱讀文章，引導選修課程的學生能關心科學新聞，學習科學分析和探索，也嘗試科學寫作。

撰寫科學普及的文章，要深入又須淺出，還要傳達正確的科學概念，不能讓讀者誤解，確實不易。我知道麗賢喜愛寫作，表達能力很好，他撰寫以物理為主的科普書籍《我們的生活比你想的還物理》要出版了，喜事一樁。他電話邀請我寫推薦序，自然一口答應，因為推動科學教育，需要國內的老師敲鍵筆耕，提升學子的媒體識讀能力。

我衷心推薦《我們的生活比你想的還物理》，更期待麗賢持續筆耕，一起推動臺灣的科學教育。

戴明鳳
清華大學物理學系教授

生活比我們想的還物理
——用科學之眼讀新聞

　　實施108新課綱後，我在學校分別開設高一和高三學生的跨班多元選修課程，一學期2學分，每班30人。開設課程的教學目標，簡言之是期盼學生能「眼中有物，心中有理」，能用科學之眼閱讀新聞，體驗生活，了解物理就在生活中，生活比我們想的還物理。

　　高一多元選修課程名稱是「新聞中的物理——讀報教育與媒體識讀」，因考量高一學生的知識內涵有限，因此課程強調啟發、引導和實作等，透過閱讀新聞報導和科學專欄等奠定知識基礎，並輔以實作和校外教學參訪，以了解新聞報導背後的科學概念。

　　高三多元選修課程名稱是「言之有物，說之有理——科學寫作與短講」，因高三學生已學過三學期的物理課程，會選擇這門課程，泰半對物理感興趣或不排斥物理課程，因此重心放在閱讀專欄的科普文章，深入分析新聞報導的物理概念，以及練習創作科學普及文章，並於期末上臺口語表達科學主題，培養「言之有物，言之有理、言之有序」的表達能力。

　　新課綱的多元選修課程並沒有部定教材，必須由開設的老師自行設計研發課程和撰寫教材。為了讓學生看完新聞報導後，能閱讀文章，除了幾年前我在報章雜誌發表的科學普及文章外，同時也積

極從新聞中找題材，以學生能讀懂的文句，深入淺出，撰寫多元選修課程所需的科普文章，且這些文章大部分都已收錄在本書裡。

前述的兩門課程中，我讓學生透過閱讀新聞報導和生活現象後，再系統性地閱讀已成篇的科普文章，以便了解新聞報導背後更深入的探討。在學生普遍忙碌於課業和社團，較無法主動閱讀新聞報導和科學雜誌的年代，這是一堂不一樣的科學探索課程，我期盼能因此開拓學生的科學視野，也能學習科學寫作和上臺演講的能力。

我鼓勵學生看新聞讀報紙，不只是泛讀，而是深度思考與延伸探索，除了增添閱讀樂趣，也讀出更多的附加價值。學期末，學生的回饋表示：「原來新聞可以這樣讀，物理可以這樣想，不是只用來考試。這門課讓我學會敏銳觀察和深度思考，還體驗真正的物理感覺，讀科學新聞也可以是創作，上臺演講一則科學主題，真的不容易，消化後才能言之有理。」

在多元選修課程中，主題多元，例如聲波與共鳴就是學生很感興趣的主題之一，也寫入《我們的生活比你想的還物理》。

舉例說，知名歌者費玉清先生在最後一場退休「封麥」演唱會，感性地對歌迷說：「當一名歌者，就在尋找知音，你們都是我的知音。」

　　知音難尋嗎？古人說：「不因歌者苦，但傷知音稀。」「聲氣相求者，謂之知音。」著作等身的余光中老師則說：「粉絲是為成名錦上添花；知音是為寂寞雪中送炭。」誠哉斯言，聞風而至，風過而沉的粉絲可能一時嘯聚，風起雲湧，也容易銷聲匿跡，遲遲不見；知音則是「未來」的回聲，更可能是「身後」可貴的掌聲。

　　知音確實難尋，俞伯牙與鍾子期的交情是傳奇經典。彈琴或提出見解，能夠「於我心有戚戚」，誠屬不易。就物理學的觀點，振動源發出聲波的頻率必須與接收體原本的「自然頻率」相同，才能共振共鳴。簡言之，成為知音，「思維頻率」必須「麻吉」，如同發出聲波的物體頻率與接收物體的自然頻率必須相同才能共振。產生共鳴可遇不可求，除非透過科學方法試驗與調整，才可能在實驗中找出接收體的自然頻率而共振。

　　我曾在某個電視綜藝節目裡，看到女歌者唱破高腳杯，在座藝人嘖嘖稱奇，直呼不可思議。歌者發出的聲波頻率竟然能與高腳杯的自然頻率相同，此現象也成為提升該集收視的焦點。同樣的情況，著名的男高音卡羅素在一次演唱會唱破桌上的水晶杯，這不是特異功能，而是真真實實的聲波共振，顯示歌者當下唱出的聲波頻率與杯子的自然頻率相同，將杯子震破。

　　唱破高腳杯，容易嗎？實驗結果，如果不知道杯子的自然頻

率，當然不容易。「知音難尋」、「不因歌者苦，但傷知音稀」，從物理學共振的概念，有其道理。費玉清能獲得眾多戚戚的知音，證明他的唱功不同凡響。

這兩門「新聞中的物理」和「言之有物，說之有理」的課程，期盼學生能以科學之眼閱讀各類新聞，深度思考與延伸探索，除了理性的媒體識讀外，更增加知性與感性的讀報樂趣。

寫作是我的興趣，但要讓一本書付梓問世，需要時間和動力。謝謝北一女學生的提問和師生對答時給我的靈感；謝謝商周出版社編輯部提供圓夢的舞臺；謝謝傅昭銘、戴明鳳、傅祖怡和張敏娟等物理學系的教授情義相挺，在繁忙的研究與教學期間，撥冗寫推薦序，銘感五內。

撰寫科學普及的文稿，目的是希望吸引更多人閱讀科學主題書，體悟閱讀的樂趣，因此用語不能太艱澀，示意圖不能複雜而無趣，本書秉持科普書「曲高不和寡，深入卻淺出」的想法，以生活現象和新聞報導為撰稿素材，盡量用淺顯易懂的語句說明物理現象，示意圖也盡量點到為止表達意思，因此無法與物理專業教科書的嚴謹字句相同，圖形亦然。筆者才疏學淺，雖喜愛教學和寫作，但術業有專攻，思慮難免疏漏，請專家學者和讀者不吝斧正。

　　最後謝謝務農的先父先母，在家人三餐只求溫飽、我的中小學求學年代，仍對我耳提面命「以筆頭代替鋤頭」，苦口婆心期盼我成為科學教育的筆耕者，耕一畝科學的夢田。

簡麗賢

目錄 CONTENTS

前 言 學物理，才不會理盲

Part 1 運動與力學

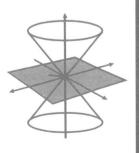

Part 4 量子科技與近代物理學

Part 5 臺灣天然災害物理學

▎附錄

前 言
學物理，才不會理盲

如果問高中生：「學習什麼科目比較困難？」許多人大概會回答：「物理。」

如果不是為考試，學物理雖難，但其實很有趣，畢竟我們的生活處處是科學，生活中無不是物理。而且，我們的生活比我們想的還物理。

諾貝爾物理學獎得主李政道老師，曾引用杜甫〈曲江對酒〉的詩句：「細推物理須行樂，何須浮榮絆此身。」勉勵青年學子培養學習物理的興趣，從學習和研究中獲得樂趣，而不受世間浮名的牽絆。

李政道老師進一步詮釋，物理是萬物的道理，研究物理需要細推，細是指細微的觀察和實驗，推是邏輯演繹和推理，誠如曹雪芹《紅樓夢》的名句「世事洞明皆學問」，大自然萬物的存在皆有其道理，仔細推敲萬物的道理就是在學物理。

為什麼要學物理？物理學是基礎科學，前身是哲學，重視分析和思辨，學物理即是學習科學思維和脈絡，以物理思維為基礎而能思考分析和解決問題，以理論為基礎，再應用、再創造。

🐝 生活中處處是物理

我們常說藍色的天空，但天空為何是藍色？透過物理思維，從物理學家的「瑞利散射理論」來思考的話，就會知道波長較短的藍光因為較容易被大氣層的微粒散射，所以天空大部分是呈現藍色，而非紅色。

同樣，當我們讀李白的詩句，不解到底是「孤帆遠影碧『空』盡，還是碧『山』盡，哪個字較有理？」用「散射」的道理來思考，其實碧「空」盡比碧「山」盡，更能貼近當時李白所處的環境。

其他像「空山不見人，但聞人語響」，在山林中看不見人，卻能聽到樹林間人的對話，這也可以從物理學聲波的「繞射」現象來

解釋，主要是因為聲波的波長與林木間距的尺度很接近，所以容易發生繞射而傳出聲音。

學習物理知識和科學思維，會影響一個人的判斷和認知。美國加州大學物理教授撰寫《給未來總統的物理課》一書，期盼總統決定重大國家政策和解讀新聞真相前，例如能源危機、核能發電、全球暖化、太空科技、量子科技、疫苗採購與研發，以及瞬息萬變的新興疾病議題，不只要嫻熟政治議題，更應多懂物理概念，才能判斷正確，提出睿智的政策。

☀ 學物理增加閱讀樂趣

讀武俠小說、看武俠電影，有時對於情節的想像與延伸，也具有知性思考的趣味。

知名武俠小說金庸大師於 2018 年辭世，作品長留人間，讓我們得以一讀再讀，感懷他的豐沛創作力和跨域想像力；同時也讓讀者從閱讀武俠作品中閒談物理學，聊聊武俠主角的功夫究竟可不可能，是否符合物理概念。

例如，小說情節的「聞其聲不見其人」，正是前述提及「空山不見人，但聞人語響」的聲波繞射概念。《笑傲江湖》的令狐沖、《神鵰俠侶》的李莫愁善於「聽風辨器」，判斷突如其來的暗器或刀劍，這種特異能力與蝙蝠相似，用物理學的「都卜勒效應」來解釋的話就是，透過令狐沖等主角與武器聲源的相對運動，造成空氣中的聲波發生波長和頻率變化，使令狐沖察覺接收的頻率有異而迅速行動。交通警察測速用的雷達測速儀器也是運用電磁波「都卜勒效應」的概念。

又如《天龍八部》段譽的奇門武功「凌波微步」，可以想像成氣體分子漫無規則地運動，這也讓我們聯想到曹植〈洛神賦〉提到「凌波微步，羅襪生塵。動無常則，若危若安。進止難期，若往若

還。」這「凌波微步」和「動無常則，若危若安。進止難期，若往若還」和物理的分子「布朗運動」概念或許很接近；或者說「動無常則，若危若安。進止難期，若往若還」可以拿來比喻「布朗運動」。此外，若不要太嚴謹看待，就「科學普及」的角度，也可以把「凌波微步」想成知名物理學家海森堡的「不確定性原理」，我們無法同時測出段譽「凌波微步」時的速度和位置。

身為物理教師，讀金庸大師的武俠小說，很自然就會想像其中情節與功夫的可能性，或為金庸大師的情節賦予物理原理或定律，這樣讀武俠小說自然是饒富趣味。

👁 學物理能增強創造力

不論古典物理或近代物理，都有深厚的理論基礎，可以說古典物理引導近代物理的發展，近代物理延續古典的精要，理論啟發實驗，實驗驗證理論。尤其近代物理的發展，更是創造與應用的極致表現。

例如愛因斯坦以「光量子論」詮釋光電效應，以光照射金屬，使金屬表面的電子脫離金屬，開拓人類的另一扇窗，並具體應用在研發半導體材料。常見店面的自動門，即是應用光電效應而設計，當發射器與接受器間的紅外線被遮住時，接受器端的光電效應即停止，另一個電路運作將門打開。太陽能電池也是部分應用光電效應的物理概念設計，將光能轉變成電能。

👁 學物理可提升媒體識讀力

生活中，透過物理概念和科學思維，幫助我們進一步理解科技先端的原理等。例如，量子電腦很「神」，神在哪裡？演算能力為何比通用電腦強很多？諾貝爾物理學獎得獎主題「量子糾纏」，什麼是量子糾纏？為何能糾纏？

　　透過物理概念和科學思維，更可以幫助我們分析新聞報導的真實性，判斷假訊息或偽新聞。例如發展奈米科技的時期，廣告出現奈米水、奈米健康食品，這些產品其實與奈米科技性質無關，卻時常出現在廣告中。又如與量子物理性質無關的廣告詞彙出現在市面上，例如量子水、量子饅頭、量子水稻、量子鞋墊、量子波動速讀等，商品冠上量子二字，卻完全不知道有何量子的效應，只能說腦筋動得快的商人「巧用」新興時髦的科技名詞，卻顯現科技的迷思，對科學教育無實質幫助。

　　其他新聞如韓國首爾市的電動公車在十字路口邊停車邊充電、婦人以鋁箔紙包裝紙箱行竊而逃過店家感應門監控、臺北捷運跨年夜影響地球磁場、陽明山出現近9小時的彩虹等，這些新聞是否為真，還是媒體誇大其辭，皆可用物理思維分析，所以說學物理也能提升媒體識讀能力，避免理盲濫情。

PART 1
運動與力學

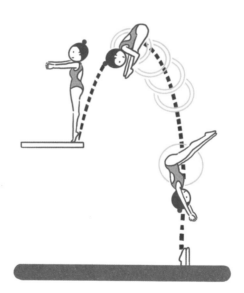

足球員是怎麼踢出神奇的「香蕉
球」？警用水車的水柱噴在人體上
會受傷嗎？搭乘臺北 101 的超高速
電梯，體重居然會變重？本章從運
動與力學的角度，為你解說這些現
象背後的物理學原理！

01 不離不棄的 保麗龍箱

NEWS｜2020 年 6 月初，新聞以標題「不離不棄！神奇保麗龍箱兩度彈回貨車」報導一則令人會心一笑的趣味事件。一部在西濱快速道路高速行駛的小貨車，貨車上的保麗龍箱掉落路面後，竟彈回車上，掉落、彈回又掉落、彈回，反覆兩次，保麗龍箱似乎不離不棄向車主泣訴「不要拋棄我」的哀怨。

當時新聞記者採訪一位高中物理老師：「保麗龍箱掉落路面，為何能夠彈回車上呢？」受訪老師言簡意賅表示：「慣性和空氣流速的壓力差異造成的結果。」我的學生看完新聞後，問我：「應該不會那麼單純吧？」原因確實不簡單！

👁 神奇的「卡門渦街」效應

媒體報導這則趣味新聞之後，2021 年新北市福和國中的 3 名學生，經老師指導，以嚴謹的科學方法，真實重現了新聞事件，完成以風洞和小貨車模擬「不離不棄的保麗龍箱」的研究作品，還榮獲全國科學展覽競賽國中物理組第 1 名，展現令人敬佩的研究精神和科學態度。

小貨車的後斗掉落保麗龍箱，一般想當然箱子應該向後滾，但

實際上反而彈起、旋轉再彈回車上，連續兩次，這樣的機率其實很低，而且是不是很神奇？究竟是何方神聖施力造成的呢？其實，這涉及了物理學中流體力學的「卡門渦街」（Kármán vortex street）原理。

經風洞模擬實驗分析，**貨車高速行駛時，由於貨車本身的形狀，在車的後端會形成流動空氣遇到阻礙物的「卡門渦街」效應**（詳見文末「物理小教室」），左側渦街會逆時針旋轉，右側渦街則順時針旋轉，由於左側渦街較靠近後斗口，因此會在後斗口中間處造成一個向內的氣流，於是產生吸引力作用。

此外，當風洞兩側鑽洞後，後斗口的上下氣流會變為上進下出，使保麗龍箱順勢掉落。實驗觀察後斗口空氣流動的方向，氣流只在後斗口附近，後斗內的空氣流動則呈現穩定狀態。後斗口的中間和左側的氣流，均往內，右側氣流則往外，因為往內的氣流受到左側卡門渦街效應的影響。當貨車的車速愈快，向內的拉力愈強，就能使掉落路面的箱子再彈回貨車內。

「不離不棄的保麗龍箱」的新聞畫面，引發國中學生的研究動機，跳脫教材的限制，在閱讀難懂的流體力學後，設計實驗細節，思考周詳，完成一件科學專題研究作品，印證了「處處留心皆學問」。

高速行駛的小貨車，貨車上的保麗龍箱因「卡門渦街」效應，掉落路面後，再彈回車上。

卡門渦街效應

　　卡門渦街是物理學中流體力學的名詞。當流體如空氣和水流，經過一個阻礙物時，阻礙流體流動的物體邊界兩側，會產生兩道非對稱排列的旋渦，如同街道，所以稱為「卡門渦街」。

　　這種交替的渦流，使阻礙物兩側的流體瞬間的速率不同。依據流體力學「柏努利定理」（Bernoulli's principle），流體流動的速率不同時，阻礙物兩側的瞬間壓力也不同，因而形成作用力，使此阻礙物振動。

　　物理學家也曾經利用卡門渦街的交替旋渦，解釋風弦琴的發聲原理。風弦琴是在木製共鳴箱上安裝幾條琴弦，風吹琴弦時，就會產生卡門渦街效應，而卡門渦街的頻率和琴弦的自然頻率因共振而發出聲音。

當流體經過阻礙
物時，阻礙流體
流動的物體邊界
兩側，會產生兩
道非對稱排列的
旋渦。

02 神乎奇技的 香蕉魔球

NEWS 觀賞運動比賽時，許多畫面都會令人嘖嘖稱奇，例如：游泳選手在重力、浮力等不同作用力的影響下，仍能如魚得水般展現矯健的身手；棒球賽投手在空氣阻力作用的情況下投出曲球、滑球、伸卡球等不同路徑和速率的球種。其中足球選手的臨門一腳，從側邊繞過人牆，射門成功的香蕉球（banana ball），更是讓人讚嘆神乎其技！

👁 足球員是怎麼踢出香蕉球的？

「香蕉球」是足球在空中飛行路徑像一根彎彎的香蕉，又像一道弧線，因此也被稱為「弧線球」。球員到底是怎樣踢出香蕉球的呢？一位資深足球教練曾經說，**要面對希望球行進的方向，然後像「切」球那樣踢**。碰撞後，腳要順勢向外側前進，這樣球在空中的行進方向才會是弧線，而且球能一面前進，一面旋轉。「香蕉球」可以偏轉多少公尺呢？以世界知名的足球員貝克漢而言，他踢球的偏向位移可達4公尺！難怪守門員會頭痛。

球如何能夠一面前進，一面旋轉？要讓球邊飛邊旋轉，速率是關鍵，要設法提升球飛行時的速率。因為球的轉速愈快，偏轉就愈快，而這與物理學的**「馬格納斯效應」**（Magnus effect）和**「康達**

「香蕉球」是足
球在空中飛行路
徑像一根彎彎的
香蕉。

效應」（Coand effect）有關（詳見文末的「物理小教室」）。

　　足球被踢出後，實際上還會受到空氣阻力和地球引力的影響，如果只是單純想讓足球飛得遠一些，必須考量球離開地面的角度。足球比賽時，往往不是要踢得遠，而是要踢得準，因此採用的角度要視狀況而定，才能達成得分的效率。在廣大的球場空間移動時，空氣阻力對球的影響，與球的形狀、飛行速率、表層的摩擦力（如粗糙度、紋路）都有關。

　　話說回來，之後在觀賞世界盃足球賽時，請各位可以特別注意球門前的戰況，當進行球門前30碼或正規賽事平手後的12碼PK罰球時，都很有機會看見美妙的「香蕉球」！

☀ 飛機是怎麼飛上天的？

　　2020年8月的《科學人》雜誌有篇專文討論飛機飛上天的升力，題為「飛機升力不只白努利」，是一篇很有深度也有趣的文章。飛機究竟是如何飛上天的呢？

　　該篇文章提到，撰寫過數本教科書的美國國家航空太空博物館的研究員安德森，認為對飛機飛上天的升力原理至今並無一致的解釋，他曾告訴《紐約時報》記者：「飛機升力的問題無法一言以蔽

之。」確實如此，要解釋飛機飛上天的原理，涉及數學、物理、工程、電腦程式等技術性層面。

　　以臺灣的教科書或網路資料來說，最常用來解釋飛機升力的理論是「白努利（柏努利）定理」，此定理指出「同一流體的速率愈快，其壓力也愈低，反之亦然」。

　　依據柏努利定理，可解釋升力是飛機的橫截面上半部表面呈現弧形所產生的，此理論說明空氣流過機翼上方的速率，比機翼下方還快，因為機翼剖面下半部平直，而根據柏努利定理，機翼上方的空氣流速較快，其壓力強度也較小，因而產生壓力差，作用在截面積上而獲得往上的升力，可以讓飛機飛行，並對抗重力。

　　然而，此說法仍存在疑點，因此解釋仍不完備。另一種論點則是依據牛頓第三運動定律，認為升力的來源是流過機翼下方的空氣對機翼施加向上的推力。

　　這兩個論點皆有其道理，也不會互相矛盾，但仍被認為無法完整解釋升力，因此各有不足，因為一個完整的升力理論，必須要能解釋機翼上所有的作用力和因素，而不留下絲毫懸而未決的疑問。但這也告訴我們，生活中的許多現象看似平凡，但背後的科學探討，若要求理論完備，仍有一大段努力的空間。

物理小教室 〉 馬格納斯效應與康達效應

　　當球在空氣中邊旋轉、邊移動時，它的前進方向會受到與運動方向垂直的作用力影響，此稱為「馬格納斯效應」。足球、高爾夫球、排球、棒球、桌球在邊旋轉邊前進時，都會改變行進路線，尤其是表面具有縫線或凹洞的球，此效應更明顯，會使球的飛行路徑更難以捉摸，因此馬格納斯效應也被稱為「魔幻效應」。

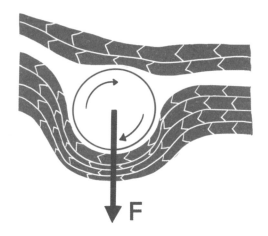

當球在空氣中邊旋轉、邊移動時，它的前進方向會受到與運動方向垂直的作用力（*F*）影響。

　　「康達效應」也稱為「附壁效應」。當流體遇到障礙物時，例如機翼，會有沿著障礙物曲面流動的傾向，因為彎曲的流線，內、外層氣壓

會不均等，作用在接觸面的壓力差形成流線彎曲時需要作用於流體向下的向心力，而相對應作用於機翼的反作用力則向上，當機翼受到向上提拉或曳引，就能使飛機上升。

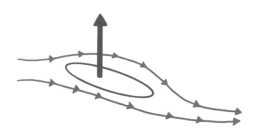

當空氣或流體遇到障礙物時，例如機翼，會有沿著障礙物曲面流動的傾向。當機翼上方與下方的彎曲程度不一樣，沿機翼上方的空氣流速會較下方的空氣快，空氣流速快的地方，此處空氣的壓力較小，因此機翼下方的壓力比上方壓力大，形成壓力差，造成空氣接觸機翼的有效面積有一股向上的升力。這裡的概念與中學學過的「壓力強度是垂直作用力與接觸面積的比值」有關。

03 強力水柱的力量有多大？

NEWS┃2021年11月5日，位於雅典的氣候危機和民防部外，聚集了示威抗議的消防人員，呼籲政府延長工作合約，因為8月時希臘南部發生大規模野火後，需要更多消防員來對抗氣候變遷帶來的災害。警方當時出動了武裝水車噴灑水柱以驅散這些消防人員。

　　本節從物理學觀點來為各位解析，警方使用的強力水柱，當噴在人體身上時力量到底有多大？

👁 先複習一下牛頓運動定律吧

　　這裡想先問讀者，是否曾經將球擲向牆壁？球會撞到牆面，然後反彈回來。如果你想知道球受的力量有多大，或者球對牆壁造成的撞擊力有多大，那麼根據牛頓第二運動定律，只要知道球的加速度（a），就可以知道球受的平均作用力（F），會等於它的質量（m）乘上加速度（a），寫成中學物理課本裡最簡潔的數學關係式就是 $F = ma$。同樣根據牛頓第二運動定律，不必計算加速度，只透過球在碰撞過程中經過的時間內的「動量變化」，也可以估算它所受的平均作用力。

　　物體的「動量」（p），是物體的質量（m）和速度（V）的乘

積。如果物體的質量不變,但運動的速度大小或方向發生變化,物體的動量就會發生變化,所以由物體的速度變化,即可得到動量的變化。由於物體的動量變化量(ΔP)是它所受作用力(F)與作用時間(t)的乘積,也就是$\Delta P = F\Delta t$,由此就能估算出物體所受的平均作用力了。

因此,球擲向牆壁,然後反彈,它所受的力就是單位時間內的動量變化量,也就是質量乘以「球撞擊牆壁前、後的速度變化量」。

球擲向牆壁,然後反彈,它所受的力就是單位時間內的動量變化量,也就是質量乘以「球撞擊牆壁前、後的速度變化量」。

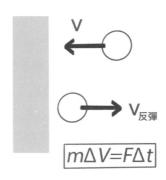

$$m\Delta V = F\Delta t$$

如果是多個球連續撞擊牆呢?根據牛頓第三運動定律,作用力等於反作用力,所以球受到牆施加的作用力,等於球對牆的作用力。當球不止一個,而是有許多個,並連續擲向牆壁時,撞擊力乘以撞擊時間,就會等於這幾個球的動量變化量(ΔP)總和。

多個球連續擲向牆壁時,撞擊力乘以撞擊時間,等於這些球的動量變化量(ΔP)總和。

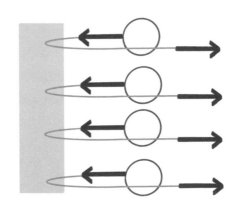

☀ 水柱對人體的衝擊，就像許多球持續撞擊牆

　　流動的水具有質量和速度，也就是具有動量。一道水柱衝擊到人時，非常類似許多球持續撞擊牆壁的情形。我們可以計算出水柱在某段時間內動量總和的變化量，也就等於水柱受到人施加的作用力乘以「水柱衝擊過程經過的時間」，依據牛頓運動定律的第三定律——作用力與反作用力定律，人施加水柱的力的反作用力，即為水柱對人的作用力。

　　根據這樣的原理，科學家經過仔細計算後發現，**水柱衝擊到人的作用力，大約等於水柱中水的流量（單位時間中流過多少公斤的水），乘以水柱衝擊人體前後的速度變化量。**因此，水的流量相同時，如果水衝擊到人體後，反彈回來，因速度變化量大，它的衝擊力量就大；如果水柱衝擊到人體後滑開，水柱的衝擊力量就小。同樣是水柱滑開的情形，如果水柱的流量增加，對人的衝擊力就會變大。

　　假設警用水車噴出的水柱噴在人體身上，每秒大約 1 公升，也就是 1 公斤的水，衝擊到身體之前，速度是每秒 20 公尺，衝擊到身體後，速度變成 0，那麼速度變化量就是每秒 20 公尺。速度變化量再乘以流量（每秒 1 公斤），就等於 20 牛頓，因此這水柱衝擊到人體的力量就大約是 2 公斤重。

　　由上可知，即使水的流量不大，如果速度快，而使速度的變化量增加，就很可能對人體造成傷害。

水柱衝擊人體的力，大約等於水柱中水的流量，乘以水柱衝擊人體前後的速度變化量。

生活中的各種碰撞，涉及物體動量變化量

在水平的地面上行走或騎腳踏車，全靠地面提供的摩擦力。例如，騎腳踏車由靜止起步時，就是依靠地面對輪胎的摩擦力，使腳踏車得到加速度而開始前進。依據牛頓第二運動定律，物體所受的合力使物體具有加速度，加速度的量值與合力成正比，與物體的質量成反比。若腳踏車在水平面上直線運動，僅摩擦力作用，則依靠地面對輪胎的摩擦力，就能讓腳踏車在此直線上加速運動。

另一種牛頓第二運動定律的描述，是以「動量」（momentum）與「衝量」（impulse）說明動量時變率就是物體所受的合力。以運動項目的棒球比賽而言，棒球是我們的國球，喜愛欣賞棒球比賽的人很多。不論奧運棒球賽、世界錦標棒球賽等，都受到棒球迷的青睞及關注，球迷也都積極為選手加油。其實投、打棒球也涉及物理學，球棒與球碰撞瞬間的接觸點、接觸角度或甜蜜點，攸關能否擊出全壘打或安打。

依物理學定義，運動物體的質量與速度的乘積，為此運動物體的動量，若外來作用力為一定力，作用在物體上一段時間，則衝力與作用時間的乘積，稱為衝量。物體所受的平均作用力等於「動量時變率」，這是牛頓第二運動定律最初的敘述形式。可見生活中的碰撞都涉及物體動量變化量概念。

04 奧運項目「無舵雪橇」的物理學

時事話題

NEWS ｜ 2022年冬季奧運代表團，國手林欣蓉是唯一的雪橇選手，她在2月8日完成冬季奧運處女秀，3趟成績分別為1分01秒550、1分01秒057、1分01秒004，總成績3分03秒611，排名第31名，雖無緣擠入前20名、闖進無舵雪橇女子單人賽的決賽輪，但冬奧初體驗的成績逐次進步，代表團對她讚譽有加。

　　林欣蓉是筆者服務學校北一女的校友，高中曾是田徑選手，畢業進入臺北教育大學就讀前，因一次機緣而轉戰雪橇，期間鍥而不捨，突破困境，終於一圓冬季奧運選手的美夢。

👁 無舵雪橇競賽有什麼特點？

　　學生問我：「無舵雪橇競賽，有什麼物理概念嗎？」真是大哉問。但我想，我們應該先認識一下無舵雪橇競賽的特色，包含需要什麼裝備？比賽的跑道有何特徵？比賽的規則有哪些？

　　1964年，奧地利冬季奧運正式納入無舵雪橇比賽。比賽場地一般是以混凝土或木材砌成槽狀的滑道，寬約1.5公尺，滑道兩側護牆均需澆冰；滑道長度男女不同，女子組約1200公尺，全程設置約15個彎道，彎道半徑約8公尺，並有不同角度的坡度。個人競賽以4趟競賽的總時間最短者奪冠。

　　無舵雪橇前端沒有舵板，後端也沒有控制的機動閘，底部只有一對用來滑行的金屬滑板，也沒有方向盤，必須依靠選手的身體力量和放鬆或收緊身體的技巧來控制方向，掌握轉彎和速度，比有舵雪橇更難操控。運動員在高度傾斜的冰面上滑行，最高時速可達140公里，是一種危險性高而需要特殊訓練的運動。

　　無舵雪橇運動既然是危險的比賽，裝備就必須特別講究，基本配備包含頭盔和連身服、帶釘手套及比賽腳套，而且所費不貲。

　　頭盔內有一圓形面盔，向下延伸至運動員的下巴，目的之一是降低空氣阻力的影響。連身服是橡膠材質，表面光滑且貼身，其目的是減少與空氣接觸的摩擦阻力，並確保比賽過程中不會隨意飄動。帶釘手套的功能是運動員在起點處以划槳動作拍打冰面時，手套的釘子能提供抓冰面的牽曳力，獲得前進的動力。雪橇腳套上的拉鍊會將運動員的腳拉伸至筆直位置，幫助選手將迎面的空氣阻力降至最低。

　　比賽開始時，運動選手將自己推到賽道上，用釘子手套划離賽道3公尺左右，讓雪橇獲得一定的速度。靠近下坡時，選手以仰臥姿勢躺在無舵雪橇上，從仰臥姿勢開始，保持身體一張一弛，在彎道和直道上行進。

　　在短暫的比賽時間裡，選手必須透過技巧與雪橇合為一體，運用**重力**、**空氣阻力**、**摩擦力**等控制轉彎和掌握可達時速140公里的速度，以及**承受坡度高低差的加速度變化帶來的不適感**。

👁 無舵雪橇競賽中用到哪些物理原理？

　　無舵雪橇項目有一項參賽限制，就是體重，選手重量限制為男子須達90公斤重，女子須達75公斤重。體重是影響雪橇速度的重要因素之一。當體重較重，在斜坡時重力較大，加速度增加，可使速率增快，而且體重較重受空氣作用的截面積增加並不多，因此受

無舵雪橇選手必
須透過技巧與雪
橇合為一體,才
能勝出。

到空氣作用的阻力影響程度很小,所以總質量愈大就成為優勢。就好比跳傘,體重較重的選手,向下的重力較大,雖然也受到空氣阻力影響,但最後合力比較大,加速度也較大,即使最後重力與空氣阻力達成平衡,終端速率也較大。

在雪橇比賽過程中,帶釘手套提供抓地的牽引力,地心引力則是推動選手和雪橇沿賽道滑行的動力;雪橇和賽道之間的摩擦力是決定速率快慢的因素之一。**雪橇運動時與空氣接觸的阻力會減緩移動速率,因此人體直躺可減少與空氣的接觸面積,空氣阻力愈小,滑行速率可以愈快。**一般而言,空氣阻力對運動物體的阻力與物體運動速率有關,可能與速率成正比,或與速率平方成正比,因此減少與空氣的接觸面積,是降低阻力的方法。

在高速的奧運雪橇比賽,金銀銅牌選手的成績應該非常接近,無舵雪橇比賽計時精確到1/1000秒,而人眨眼一次需要12/1000秒。競爭這麼激烈,不可能用肉眼判斷高低,此時「光速」就是一個好幫手。

雪橇比賽採用安裝在起點和終點的**光電感測器**來計時,在賽道兩端各有一組光源發射器和接收器裝置。在起點處,選手跨過起點

線,阻擋光束而觸發計時器;在終點線,選手同樣遮住光束而停止計時器。

歷史上的無舵雪橇比賽中,女子金牌和銀牌之間的最短時間差僅為2/1000秒。當時第一名和第二名之間的細微差距引起爭議,所以要求工程師計算系統誤差或不確定度。最後他們發現,不確定度大約為2/1000。於是,運動競賽計時裝置成為高科技研發的重點,帶有原子鐘的GPS衛星定位校準無舵雪橇比賽計時系統,可以精確到10^{-10}秒,讓賽道上的計時器與衛星的原子鐘同步,只要衛星記錄的時間和地面系統記錄的時間的不確定度,控制在2/1000秒內或更小,那麼計時系統即可用在比賽計時上。

05 臺北 101 的電梯究竟有多快？

NEWS｜杜甫曾經登上泰山，遠眺四周，並吟詠「會當凌絕頂，一覽眾山小」的詩句。如今我們站在臺北101觀景台，俯瞰遠方，大概也會感嘆底下櫛比鱗次的建築，密集而渺小吧！

　　媒體曾報導，臺北101大樓除了曾是世界最高，它的電梯其實也大有來頭。直達89樓的超高速電梯，只要37秒就能把我們送到高聳入雲的觀景台！

　　此外，在地震頻繁的臺灣，臺北101的風阻尼球在地震時，振幅可達100公分，也是媒體報導的奇觀。

☀ 在超高速電梯裡，體重居然會變化？

　　電梯是大樓輸送人員和貨物進出的鉛直運輸工具，其主要的基本結構包含一鉛直的電梯井，電梯井內有乘客搭乘的車廂，以及達成平衡的平衡塊，兩者之間用鋼纜連接，跨過在電梯井上方的定滑輪，構成運輸設備。電梯井的牆壁裝上運輸的「導軌」，與車廂、平衡塊上的「導靴」接觸，使車箱與平衡塊僅能固定上下移動。

　　我們搭乘一般大樓的電梯，速度不快，不會產生耳鳴的不適感覺。但如果搭乘高度變化達400公尺的高速電梯，會是怎樣的感覺？親身體會臺北101的超高速電梯，感受可謂「淪肌浹髓」。

　　臺北101觀景台的超高速電梯，車廂每分鐘可以移動1010公尺，從進入電梯的5樓至89樓觀景台，全程僅需37秒，是一般電梯移動速率的10倍。

　　不過，如此快速的電梯，是如何減緩乘客因氣壓變化引起的耳鳴不適呢？氣壓控制系統是重要角色，能使車廂氣壓保持恆壓的狀態。當車廂快速上升或下降時，氣壓控制系統能透過充氣加壓、抽氣減壓，即時減緩乘客的耳鳴程度。

　　另外，升降機剎車的過程，又是如何解決高速摩擦而生熱的狀況？原來，安裝於車廂滑輪處的煞車裝置，是使用耐高溫陶瓷材料，取代了傳統容易變形的金屬，因此能使車廂更快速、安全、精準地剎車。

　　最有趣的是，**搭乘臺北101的超高速電梯，可以體驗到體重計讀數的變化**。當電梯向上移動且愈來愈快，此時加速度向上，乘客站在電梯地板的體重計讀數（如果電梯裡真那麼剛好有體重計），其實會比平常在家裡量測的讀數還多，你可能會望著體重讀數漸大，懷疑自己怎麼會變重呢？

當超高速電梯向上加速時，電梯內的人的體重會變重。

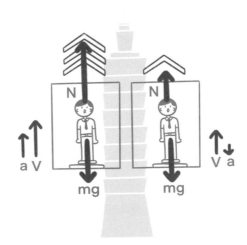

但別太在意！電梯移動時，有一短暫過程，體重計讀數反而會變小。就是電梯向上減速、準備剎車停止的時候，那時電梯的加速度方向會改為向下，體重計讀數就會變小了。

其中的原理就是，人站在電梯地板的體重計上時，體重計顯示的讀數就是體重計給人的向上正向的垂直作用力（N），人在加速過程的電梯內，所受外力的合力因為並不是零，所受合力是地球吸引人的重力（mg）與體重計所施的正向力（N）作用的結果。

正向力是體重計顯示的讀數，當電梯車廂向上加速移動（速度V），加速度（a）方向向上，此時正向力（N）減去重力（mg）等於質量（m）與加速度（a）的乘積，此數值為正，代表正向力比重力大，因此體重計讀數變大，會比平時在靜止狀態量測體重時的讀數還大。

👁 臺北 101 擁有全世界最大的風阻尼球

位於歐亞大陸板塊和菲律賓海洋板塊交界帶的臺灣，地震頻繁，每年也幾乎都有颱風。從地面算起共 101 層、高度近 508 公尺的臺北 101 大樓，是如何面對天災的挑戰呢？減緩大樓晃動程度是必要的，而這就是「風阻尼球」的作用。

風阻尼球目的是阻止大樓的晃動，減緩大樓因地震波或強風吹襲而引起的擺動效應。好比一個在空氣中會左右擺動的物體，放在水中就很難擺動，因為水會對此物體施力，此力量如同拖曳力，會耗盡擺動中物體的能量，最後水中的物體就不再擺動。風阻尼球的原理也有點類似。

101 大樓內共有 17 組風阻尼球，唯一外露公開展示的質量球，名聞遐邇，而且是全世界最大的風阻尼球，重量約 660 公噸，直徑約 5.5 公尺，由實心鋼板堆疊焊接而成，以鋼纜懸吊垂掛，並以油壓阻尼器與樓板連接，組成減緩振動的阻尼器系統。

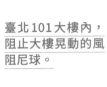

臺北101大樓內，
阻止大樓晃動的風
阻尼球。

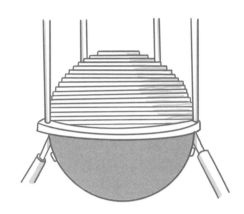

　當101大樓受到颱風、地震而開始搖晃時，風阻尼球的特大質量受到地球的吸引力，會透過鋼纜拉住大樓，並以反方向與大樓相對擺動。風阻尼質量球擺動時，下方的油壓阻尼器會像彈簧一樣拉伸或壓縮，透過拉伸或壓縮的過程，產生極大的摩擦力，吸收與耗散大樓振動時的動能，讓具有阻尼功能的質量球逐漸停止擺動，最後使大樓逐漸靜止。

06 走鋼索的人雙手為何要張開？

NEWS｜報紙奇人妙事版曾經報導巴西一名極限運動家，在距離地面約1.83公里空中的兩個熱氣球之間「走鋼索」，鋼索寬度不大，僅約2.54公分，而且打破有史以來最高的走鋼索世界紀錄！驚險畫面，教人不得不屏息拭目。

🔆 原來是「角動量守恆定律」！

走鋼索的人雙手為何要張開？而且如果希望更安全的話，是手握一支長木桿，長木桿可以是演出者的保命符，攸關演出是否成功。不論是雙手張開或手持一支長木桿，都與物理學的「角動量守恆定律」有關。

一開始就講專業術語「角動量守恆」，似乎有點難，讀者或許會說太不「科普」了。我們就先認識牛頓早期提到的「力」這個概念。

在古典力學的時代，牛頓為了詮釋「力」，提到「動量」（momentum）這個名詞，這與物理的質量大小和運動速度有關。「動量」這名詞，究竟在生活中有何意義？

如果使質量固定或重量固定的金屬塊，以不同的速度滑行，則讓速度較快的金屬塊停下來會比較困難。如果使質量較大或重量較

重的金屬塊，和質量較小的金屬塊以相同的速度運動，則讓大的金屬塊停止比較困難。對於這兩種狀況的觀察，可以發現改變金屬塊運動狀態的難易程度，與金屬塊的速度和質量皆呈現正相關。

物理的力學引入動量來描述上述金屬塊滑動的特性。**當金屬塊的速度改變時，表示這塊金屬塊的動量產生變化，意思是指金屬塊受到外力作用，所受外力的合力與金屬塊的動量變化呈正相關。**

應該有不少讀者喜愛欣賞棒球比賽吧？當捕手接到投手朝他投過來的球之前，高速飛行的球具有很大的動量。球落入手套瞬間到球完全停止，屬於手套與球之間交互作用力瞬間改變的過程。假如球的動量變化一定，若能延長接球時間，則可使手套受到的平均作用力變小，減低運動傷害，因此捕手手套的設計概念就是增加緩衝時間，減少捕手承受的平均作用力。

同樣的道理也適用於汽車的防護裝置，例如安全氣囊。車禍發生瞬間會產生極大的撞擊力，傷害駕駛與乘客；若能延長撞擊力作用時間，則可降低平均作用力對人體的影響，安全氣囊正好可延長接觸時間，降低對人體的衝擊力道。

那麼角動量多了一個字「角」，指的是什麼意思？看到「角」這個字，應該會聯想到物體轉動的角度變化吧？是的，剛剛提到的動量，是與金屬塊這物體的移動有關，角動量就與轉動有關。平常物體的運動不外乎移動和轉動。

想像一下我們駐足路邊，當一部汽車從身旁呼嘯而過時，為了看清楚究竟是什麼車款，我們必須隨著汽車的身影轉頭觀看。這樣的舉動代表運動中的汽車相對於我們觀察者而言是轉動的現象。

對於運動中的汽車，以動量的概念表示車的運動狀態，相對於我們觀察者而言，具有轉動現象的物體，也會有相對應的轉動狀態，保持轉動的慣性，直到介入外力造成的力矩，才會使物體停止轉動。**我們將物體「轉動時的運動狀態」稱為角動量（angular**

momentum）。

物體對某一支點轉動的物理量，與轉動半徑、物體的質量和轉動速度都有關。轉動中的物體，對一支點具有角動量，具有角動量才能穩定轉動。如果對一支點的力矩為零，則轉動物體的角動量不會改變，此稱為**角動量守恆**。

前面提到，角動量與轉動半徑、物體的質量和轉動速度有關，也可轉換成「轉動慣量」和「轉動角速度」的乘積。「轉動慣量」與轉動半徑、物體質量有關，半徑和質量愈大，轉動慣量就愈大，表示不容易轉動，轉動角速度就愈小；**走鋼索的人雙手張開時，會增加轉動慣量，於是就不易晃動，在鋼索上可快速調整身體重心位置，而達到新的平衡。**

高空走鋼索時雙手會張開，是一種本能反應，當我們處在如臨深淵如履薄冰的情況時，也會自然地張開雙手，企圖迅速平衡身體。

在運動競賽中，應用角動量守恆，最著名例子就是花式滑冰和跳水比賽了。花式溜冰選手旋轉時，由於摩擦力的作用點非常靠近旋轉軸，其力臂幾乎為零，故造成的力矩幾乎為零，溜冰選手的角動量為定值；當選手將雙手向外伸展，增大轉動慣量，就可使轉速變慢；同理，將雙手抱在胸前盡量向內收攏，轉動慣量減小，則使轉速變快。

當選手將雙手向外伸展，可使轉速變慢；將雙手抱在胸前向內收攏時，轉速變快。

接下來看看跳水比賽。當跳水選手離開跳水台時，僅受到地球重力的作用，但重力作用在身體質量中心；以質量中心為參考點，相對於質量中心，選手所受的重力對身體產生的力矩為零，因此在落下過程中角動量守恆。若選手收縮身體，使轉動半徑變小，對質心的轉動慣量減小，則轉速會變快；若伸展身體，轉動慣量增大，則轉速變慢。

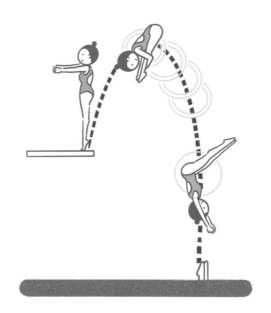

選手在空中下落過程中，會伸展或收縮以改變轉速。

☀ 空拍機和直升機也符合角動量守恆嗎？

空拍機是利用4個螺旋槳來控制上升、下降與旋轉的。當4個螺旋槳向下吹出空氣，就能獲得向上的升力，同時若合力為零，就能保持在同一個高度，此時若4個螺旋槳同時加快旋轉，就會上升更快。

假如要讓空拍機維持「不旋轉」，就要讓兩兩對稱的旋翼，呈逆時針與順時針旋轉，當兩組旋翼向相反方向旋轉時，因為空拍機

的總角動量為零，因此空拍機不會轉動。

聊到直昇機，除了上端的主螺旋槳之外，還需要尾端的側螺旋槳，才能穩定機身，這也是應用角動量守恆定律。

值得一提的是，天生的體操好手——貓咪，也是遵守著角動量守恆定律。當貓咪從高處以背朝下降落時，由於重力作用通過貓咪的質量中心，合力矩為零，故也是遵循角動量守恆定律。在角動量守恆的情況下，貓咪可藉由伸展與收縮四肢及軀幹，在空中調整四肢的角度，最後安全落地。

07 小小的指尖陀螺立大功！

時事話題

NEWS｜2019 年，媒體曾報導臺大應用力學研究所副教授陳建甫主持的研究團隊，藉由「指尖陀螺」快速旋轉產生的離心效應，從血液中分離出血漿，且成本低廉。該研究不僅是全球首例，還登上了國際著名期刊，並獲美國化學會賞識，有專文報導。

筆者曾經帶學生到臺大應力所向陳建甫教授請教流體力學，聊及運用「指尖陀螺分離血清」的新聞報導時，學生們皆深刻體會到「從生活情境尋找科學研究」的趣味性和可行性。本節就來聊聊陳教授的「指尖陀螺」吧！

👁 指尖陀螺利用「離心效應」分離血清

醫學檢驗單位，一般是透過專用的離心機，將血液分成「血清」和「血球」。指尖陀螺則是以每分鐘 1200 轉的轉速，而且只需一滴血的血量，就能透過圓周運動的向心加速度伴隨產生的「離心效應」，把血液分離出血清，並據此協助後續疾病的診斷。

相較於傳統的離心機儀器，指尖陀螺一點也不昂貴，而且體積更輕巧，因此這項研究大大幫助了醫療資源匱乏的地區，協助抗體檢測、確認是否感染疾病，包括腸病毒、登革熱、德國麻疹等，可說是扮演「小玩具，立大功」的角色。

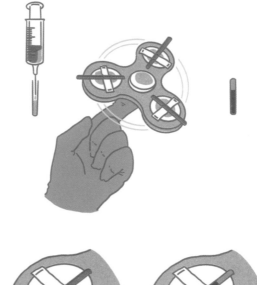

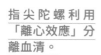

指尖陀螺利用「離心效應」分離血清。

使用指尖陀螺分離血清前（左圖）、後（右圖）。

☀ 指尖陀螺轉動的原理是什麼？

指尖陀螺的材質，可能是鋁合金、黃銅、不鏽鋼或塑膠等，通常外型扁平，最常看到的是呈現三角形狀，3個頂點是較重的物質；中間轉動的核心是「軸承」，大抵是不鏽鋼、陶瓷或複合材料構成。

核心軸承是由內、外環構成，其間置入可滾動的鋼珠，減少摩擦力，因而能快速轉動。製作指尖陀螺的功夫深淺，就在軸承效果的良窳，陀螺是否轉得順暢，重點在軸承的品質。

指尖陀螺是怎麼轉動的呢？從物理學的觀點，**就是當手指一撥，指尖上的陀螺作用力對中心的軸承產生力矩，就能使陀螺轉動**。力矩決定物體能否轉動，對軸承沒有力矩就無法轉動。力矩包

含作用力和作用力到軸承的垂直距離（力臂）兩個因素，作用力和力臂相乘為力矩。力矩愈大，陀螺愈容易轉動，就像開門一樣。

陀螺轉動之後，要怎樣讓陀螺轉得快或轉得久呢？這就涉及了物理學轉動力學的「角動量」和「轉動慣量」。

指尖陀螺其實跟花式溜冰選手溜冰時的物理原理幾乎相同。本章前一節談到，當溜冰選手把雙手縮回胸前時，轉速會變快；展開雙手時，轉速則變慢。這個運動速度變化的現象，深一層的物理概念為「角動量守恆」，也就是在轉動期間，沒有外來的力矩影響，以中心軸承為轉軸的一個物體，它的質量、轉動半徑平方以及轉速三者相乘，稱為此物體對軸承的角動量。若沒有外來的力矩介入，角動量就不會改變，好比騎腳踏車，一直穩定騎，輪胎轉動時就能維持一定的方向和轉速。

討論物體轉動時，也會討論一種物理量「轉動慣量」，對一個特定的轉軸點或支點轉動時，一個旋轉物體的質量和轉動半徑平方相乘，這種物理量稱為此物體對這個支點的「轉動慣量」，若有好幾個物體都環繞這一個支點轉動，這些物體可以構成一個系統，系統的「轉動慣量」可累積相加，形成系統的「轉動慣量」。因此轉動慣量與轉動物體的質量和轉動半徑有關，會影響物體容不容易轉動。轉動慣量愈大，愈不容易轉動；同樣的，若物體已經轉動，那麼要讓轉動慣量大的物體停下來，也不容易。

根據科學原理，要讓指尖陀螺轉得快，軸承的設計也很重要，要減少摩擦力，可盡量縮短三邊長度或減輕三角頂點材質的質量。如果想要轉得久，三角頂點可選擇較重的材質，也許可以考慮黃銅材質，當然，要轉得快又久，撥的力道大一點，對軸承產生的力矩就會比較大，自然也就能轉得快又久。

陀螺的由來

　　談到「陀螺」，可能會喚起許多人的共同記憶，閩南語稱陀螺為「干樂」，這可是民俗童玩和高超技藝的結合！

　　依據史籍記載，明朝的《帝京景物略》一書中，提及當時民間生活的一首童謠，其中一句是「楊柳兒活，抽陀螺」，也許可說明陀螺是當時民間兒童的流行玩具。

　　而今隨著時代演變，陀螺從「古早味」到「創新味」，從「傳統陀螺」、「倒立螺陀」、「戰鬥陀螺」到近年的「指尖陀螺」，又再次玩出了嶄新樣貌。

08 雲霄飛車能一直運行不停止嗎？

NEWS ┃ 體驗雲霄飛車那種讓人想放聲尖叫的刺激感，可說是既期待又怕受傷害，但仍有不少人趨之若鶩。根據美國遊樂園協會的統計，新冠疫情爆發前，例如2016年，造訪美國近400家遊樂園搭乘雲霄飛車的遊客，就有快3.8億人，可見雲霄飛車的魅力驚人。

　　以臺灣幾家遊樂園為例，像是劍湖山世界、義大遊樂世界、九族文化村、麗寶樂園、臺北兒童新樂園等，也都設計了吸引遊客體驗重力作用和速度奔馳感的雲霄飛車，這些遊樂園絕對是學生戶外教學最想造訪的景點之一。

☀ 雲霄飛車簡史

　　相傳當初雲霄飛車的設計靈感，是源自俄羅斯冬季斜坡道的雪橇活動，當時腦筋動得快的商人，把它引進法國，並改以輪子和小車的組合取代雪橇，打蠟的軌道則變成另一種滑雪道。

　　根據歷史記載，世界第一座遊樂園裡的雲霄飛車，誕生於1817年的法國巴黎，當時可說是引領風騷的遊樂設施。軌道材料以木頭為主，輪子和小車緊密地固定在軌道上，避免因車速過快、向心力不足而脫離軌道。後來，改良雲霄飛車的設計者繼續發揚光大，創造出更驚悚的坡道和曲折的彎道。1873年，一群創意十足的人在美

國賓州的一處礦區，讓改造的礦車展現風馳電掣的速率，在山間奔馳，滑到終點時，再由驢子把礦車拉回山上的出發點。這應該就是雲霄飛車的雛型。

最早提出申請設計、建造和營運雲霄飛車專利的，是由被譽為**「重力應用之父」的湯普森**（LaMarcus Adna Thompson）在 1884 年取得，他曾經製造過 10 餘項雲霄飛車設施，以在紐約開通和營運的雲霄飛車而言，當時可為他賺進每日 60 美元的營利。之後，湯普森的雲霄飛車引起更多商人的高度興趣，陸續在其他國家建造雲霄飛車，於是掀起全球遊樂園雲霄飛車的風潮。20 世紀初，全球雲霄飛車數量已高達 2000 餘座，後來有些因戰火或遊樂園關閉而銷聲匿跡。

筆者過去曾到美國加州大學洛杉磯分校交流與學習，友人帶我搭乘加州迪士尼樂園裡的雲霄飛車，刺激感十足，這項雲霄飛車設施於 1959 年打造，軌道是以近乎光滑的全新鋼鐵材料製作，這項創舉也促使其他遊樂園經營者**以鋼鐵取代木質軌道**，以便加強雲霄飛車承擔更多重力，甚至開發倒掛車廂的形式，來強化速度奔馳感，或建造更高聳、更驚險的彎道，並加入電腦程式設計，以提升車子的安全性。

以鋼鐵作為雲霄飛車軌道的材料，可減少摩擦力，提升安全性。

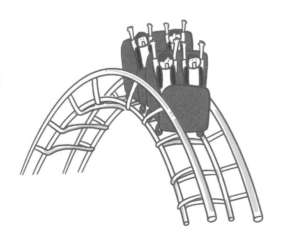

☀ 雲霄飛車運用到哪些物理學原理？

雲霄飛車的運作，應用到牛頓力學的圓周運動向心力及能量轉換的概念。當車廂快速轉彎時，向心力的來源是車子受到的重力和軌道給車子的支持力或正向力。飛車最初上坡時，需要電力來帶動運輸帶，將車廂運輸至高處，這段期間是消耗電能，將電能轉變為動能與重力位能，也就是力學能；這時，乘客在最高處會感到不寒而慄，接著，飛車突然俯衝而下，伴隨著乘客尖叫連連，這段往下俯衝的過程，不需耗用電力，而是由高處的重力位能扮演發動機，由位能轉變成動能，造成車廂高速向下移動，再由動能轉變為重力位能，如此不斷轉換能量，就構成了雲霄飛車的動力。

此外，鋼鐵軌道雖能減少摩擦力，但在這種如水滴形狀的圓形軌道上運行，**車廂最初的高度必須大於圓周半徑的2.5倍才行**，這樣雲霄飛車才能順利通過圓周最高點。換句話說，車廂在軌道最低點的速率和動能要夠大，大於某一個特定值，才能使車廂完成圓周運動，滿足遊客飛車奔馳的快感。

有學生問我：「雲霄飛車能一直運行嗎？」真是大哉問！如果雲霄飛車**能不受空氣阻力的影響，軌道的摩擦力也小到可以忽略不**

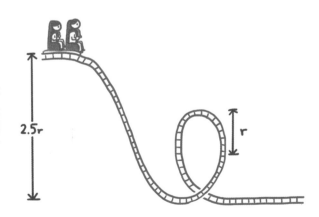

在圓形軌道上運行的雲霄飛車，車廂高度必須大於圓周半徑的2.5倍才行。

2.5r

r

計的話，那就可行。然而實際上，空氣阻力存在，軌道的摩擦力也很難小到可以忽略，而且機件之間仍有摩擦力，摩擦就會生熱，因此會逐漸消耗雲霄飛車的力學能，力學能一旦減少，就會使攀升的高度逐漸降低，高度愈來愈低。

☀ 為什麼雲霄飛車的軌道要設計成水滴形狀？

以牛頓力學來分析，雲霄飛車利用車子受到地球吸引的重力和軌道的作用力為動力，以這些作用力的合力作為向心力，因此要有足夠的合力，才能順利進行圓周運動。由能量守恆概念，我們可計算出當乘客到達雲霄飛車軌道最低點時，受到的支持力或稱為正向力，再加上地心引力作用，瞬間加速度量值可高達重力加速度的5倍，這並非一般人能夠承受的加速度，因此，**一般雲霄飛車通常會增大迴轉半徑，以減少重力加速度的數值，所以我們常見的雲霄飛車軌道會設計成類似水滴造型的結構**。

那麼，需要多少的向心力才行呢？為何物體能在空間中轉圈圈，進行圓周運動呢？一物體在圓周運動時，必須依賴外力提供物體轉圈圈所需的向心力，向心力把運動中的物體拉向圓形軌跡的中心，才能使物體具有向心加速度，可以順利轉彎。圓周運動需要向心力，但向心力必須仰賴外力提供，什麼是外力？如萬有引力對衛星作用，萬有引力對衛星而言是外力；路面的摩擦力對賽車是外力，這些外力的合力提供物體圓周運動時需要的向心力。

向心力的量值多寡與物體的質量、速率平方和軌道半徑有關；質量愈大、速率愈大、軌道半徑愈小，需要的向心力就愈大，向心力一旦不足，自然會增加轉彎時滑出軌道的危險性。交通悲劇事故常發生在轉彎時車速過快，就是摩擦力不足以提供向心力的情況。萬一運動時，外力太小，無法滿足物體作圓周運動所需的向心力，那麼物體就會陷入危機，可能沿運動路線的切線方向飛出去，釀成

悲劇。

　　關於軌道，還有一個跟物理學有關的設計。以能量的形式而言，運動中的物體具有的動能與它的質量和速率平方有關，質量愈大，速率愈快，動能就愈大。一物體的質量愈大，距離地面愈高，那麼此物體對地面而言，重力位能就愈大。物理學的力學能守恆，指的是物體僅在重力作用下，動能和位能的總和在運動過程中保持不變。但是，如果有摩擦力介入，會消耗力學能，力學能就不是定值，也就是**力學能不守恆，但仍滿足能量守恆**。

　　雲霄飛車的動力來源雖仍須依靠電力，以提供最初爬坡的動力，但之後的路程可由重力位能和動能的力學能形式，互相轉換，使車廂持續運行。當車廂到達最高點時，其重力位能最大，下降過程中轉換成車廂的動能；不過在能量轉換的過程中，車輪與軌道之間的摩擦力會損耗力學能，這是雲霄飛車的軌道高度在車廂運動過程中逐漸降低的道理。

　　另外值得一提的是，雲霄飛車的車廂在最低點時，因為合力造成的加速度方向朝上，所以軌道對遊客向上的支持力或正向力會比重力還大，此時乘客可以感受到身體比平常還要重的超重現象，也就是身體感到格外沉重。在最高點時，乘客身體倒轉，指向地面的重力和軌道向下的支持力的合力，指向圓形軌道的中心，提供車廂圓周運動需要的向心力，此時，乘客的感受就好像被狠狠拖出座位一般。此時，車廂運動的速率不可以太小，萬一小到某一數值，車廂與乘客若未與軌道緊密繫緊，恐有掉落的危險。因此，雲霄飛車在圓形軌道最高點時，必須具有一定的速率，這是雲霄飛車的速率要夠快的原因。

09 調降棒球的恢復係數，為何有利投手？

NEWS｜棒球賽是臺灣人最喜愛觀賞的運動之一，而關心賽事的球迷可能經常會看到新聞媒體使用這些標題：「棒球恢復係數偏高」、「調降恢復係數，有利投手」、「4年來最彈，聯盟加強檢測比賽用球」等。由於棒球「彈不彈」是會影響投打守備紀錄的，棒球職業聯盟自然要關心比賽用球的「恢復係數」。但，恢復係數是什麼？它是怎樣影響棒球被打擊後的速度與彈跳情形呢？

☀ 多數物體的恢復係數小於 1

　　恢復係數是棒球的專業術語，英文全名是coefficient of restitution，簡稱COR，指的是**棒球碰撞堅硬且質量很大的平面後，反彈速度的大小與碰撞前速度大小的比值**，此與一般所謂的「彈性係數」不同。

　　依據臺北市立大學運動器材科技研究所的檢測程序，棒球必須先在一定溫度和溼度的環境內待上14天，研究人員再量取球的質量、圓周、溫度等物理量，然後用固定發球機發射出球，撞擊固定的鋼板，經過兩道光閘測得撞擊前後的速度大小，比較這兩次速度大小的比值，就能測得一次恢復係數的數據。這樣重複6次，取其平均值，就是檢測的恢復係數了。

除了棒球，其他物體的恢復係數也可以這樣定義。**在日常生活中，除了空氣分子的恢復係數等於1之外，其他物體的恢復係數大多小於1。**例如籃球的恢復係數也是小於1，當籃球從高處掉落在地板上，每次反彈的高度會愈來愈低，表示它的動能愈來愈少，代表動能和重力位能總和逐漸減少。

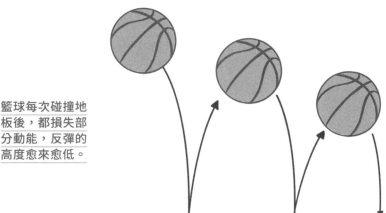

籃球每次碰撞地板後，都損失部分動能，反彈的高度愈來愈低。

日常生活中的物體碰撞，大多是「**非彈性碰撞**」，也就是會損失動能，碰撞前後的總動能會不同。交通事故常伴隨熱能和聲響及外觀變形，其物理意義是，碰撞前後的總動能不同，例如汽車碰撞後的總動能總和會變少。

由於物體的質量、速度與恢復係數都不同，因此碰撞時的情形也五花八門。例如在棒球場上，長打時，球棒向前快速揮出，球與棒相向，彼此快速接近。由於棒比球的質量大很多，擊中球後，球棒與棒球共同形成的系統質量中心（簡稱為質心）會同向運動，但球和質心的相對速度只有略減，所以，球速就變得很大。

打擊者站在本壘板打擊區打擊時，若教練團指示戰術為短打時，打擊者會讓球棒向後運動或靜止，質心於是向後運動，球相對質心的速度不大，所以球碰觸球棒後，球速就很小。

☀ 球太會彈，會造成投打失衡！

棒球比起其他球類還容易彈跳，是跟材質有關。由於棒球內部的羊毛成分較多、纏繞更緊密，因此跟其他球類相比，恢復係數較高，所以也比較會彈跳。

就棒球來說，恢復係數較小，被擊出的球速就慢，於是不容易形成全壘打。球在球場上彈跳得差，防守球員就比較容易掌握球的運動行徑。相反，如果球的恢復係數較大，被擊出的球速會比較快，彈跳情況也較激烈，就不易防守，投手容易被打爆，而牛棚投手群幾乎會無暇喘息。

儘管投打失衡會提高打擊者的打擊率，增加滿場飛的全壘打讓球迷嗨翻天，但同時也增加了野手守備的壓力，拉長比賽時間，導致選手、教練、裁判和觀眾都過度消耗心力，對球賽未必是好事。

如果棒球的恢復係數較小，被擊出的球速就慢，不易形成全壘打；如果球的恢復係數較大，被擊出的球速就會較快，不易防守，投手容易被打爆。

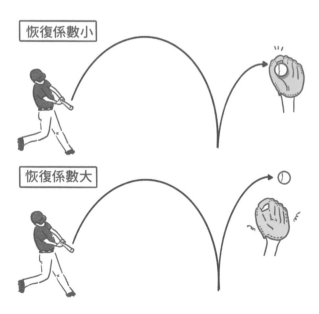

恢復係數小

恢復係數大

物理小教室

隕石撞擊月球時，損失的動能到哪去了？

　　首先，我們知道在物理學上，能量是守恆的，物體在碰撞過程中，損失的動能會轉換成其他形式的能量。例如，棒球與球棒的恢復係數都小於1，當棒球與球棒碰撞後，損失的動能不會消失，而是轉換成熱和聲音等形式的能量，然後散逸在周圍的空氣中。

　　隕石與月球表面的恢復係數都遠小於1，當隕石撞擊月球時，隕石不會反彈，而是直接撞進月球的懷抱，一如天后江蕙的歌〈甲你攬牢牢〉，碰撞的瞬間，隕石的動能就轉變成熱能，有時會使月球表面融化而形成坑洞，以及轉變成月球內部震動的能量。

PART 2
聲波與光學

藝人唱歌時，竟把一旁的高腳杯唱破，這在物理學上真的可能嗎？克羅埃西亞的著名公共藝術作品「海風琴」是怎麼發聲的？陽明山竟曾出現持續 9 小時的彩虹，還打破金氏世界紀錄，怎麼回事？本章從聲學與光學的觀點，為你分析這些有趣的聲光現象！

01 超音速戰鬥機的音爆效應

時事
話題

NEWS｜俄烏戰爭自 2022 年 2 月起，衝突愈演愈烈，媒體曾報導俄羅斯祭出極速飛彈，飛行速率為音速的 5 倍至 10 倍，速率快到連攔截飛彈也望塵莫及。究竟飛行物移動速率超過空氣中的聲速，對地面環境會有什麼影響？

同樣另一則也是飛行物移動速率超過聲速的新聞。幾年前，新竹地方新聞曾報導國軍戰鬥機空中演習時，導致附近養雞養鴨人家虧損嚴重，這是怎麼回事？原來，是戰鬥機飛行速率超過音速，造成地面有「音爆」（sonic boom）現象，嚇壞了雞、鴨群，使牠們驚慌逃竄時互相踩踏而造成傷亡。

👁 音浪太強！小心音爆現象

為什麼當飛行速率超過空氣中的聲速時，會對地面環境造成影響？因為聲波能傳遞能量，當空中飛行物的移動速率超過音速，地面會接收聲波的衝擊波，而形成音爆。

關於音爆，還可以聊聊物理學的「**都卜勒效應**」（Doppler effect）。都卜勒效應是波動的一種特性，可用於天文觀測。例如觀測光譜的藍移或紅移現象，來分析星球的運動、推測遠方的天體靠近地球還是遠離地球，這在天文學的研究中相當重要。不過，聲波

也同樣有都卜勒效應。

　　當我們站在路邊，看著警笛鳴叫的消防車從遠處疾駛而來，又從眼前呼嘯而去，會覺得警笛聲的音調有高低的變化，接近時音調升高，遠離時則降低。這種因為聲源與觀察者之間的相對運動，使得聲源的音調聽起來有高低變化的現象，就是聲學上的都卜勒效應。當聲源朝觀測者接近，觀測者量測到較高的頻率；但若聲源遠離觀測者，則量測到較低的頻率。或者，若聲源不動，但觀測者朝聲源接近，此時觀測者量測到較高的頻率；反之則會量測到較低的頻率。

　　舉生活中的例子來說，像是測速雷達的設計就是應用都卜勒效應，而蝙蝠更是充分應用都卜勒效應的極致代表。例如馬鐵菊頭蝙蝠，對於特定聲音頻率的聽覺非常敏銳，當牠發出特定頻率的聲波探測周遭環境及可能的獵物時，反射回來的聲波會因為都卜勒效應而偏移原來的頻率。此時，蝙蝠會調整發出的音頻，使得反射回來的聲波剛好是牠聽覺最敏銳的頻率。**蝙蝠就從發出頻率及接收特定頻率之間的差異，來推測出獵物的運動狀態。**

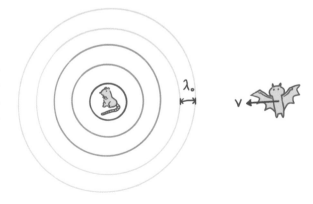

蝙蝠會從發出頻率及接收特定頻率之間的差異，來推測出獵物的運動狀態。

　　我們現在已大致了解聲音的都卜勒效應。那麼，假設今天聲源的運動速率超過聲速，使觀測者量測到較高的頻率，而且那頻率像是無限大一般，這種情況下的衝擊力會是怎樣呢？請看下圖：

聲源以不同速率運動時，所產生的球面波分布情形：上圖是聲源的運動速率等於聲速時，空氣中產生的球面波情形；下圖是聲源的運動速率超過聲速時，波形重疊，產生一圓錐形的衝擊波。

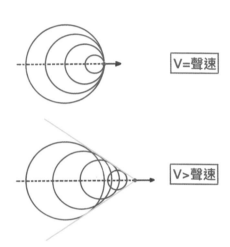

V=聲速

V>聲速

　　當聲源速率等於聲速時，產生的球面波就如同圖中的上圖，後來才發出的聲波會追上之前發出的波，各波堆疊在聲源的前進方向；然而，**若聲源速率大於聲速時，稱為超音速（supersonic speed）**，這時，後來才發出的波反而超越之前發出的波，各波會堆疊形成圓錐形的波，通過圓錐頂點的截面就像V字形，此圓錐面和聲波隨著聲源移動，在空氣中傳播。由於空氣被擠壓在圓錐表面的前沿，使該處的空氣壓力先是陡升、接著下降，然後再回升到正常值。**由於壓力急遽變化，會產生衝擊波或震波（shock wave）。**當衝擊波觸及地面上的觀察者時，就會聽到爆裂般的巨響，稱為音爆。換句話說，當戰鬥機或飛彈以超音速在空中飛行時，地面的觀察者可能會聽到音爆聲，這是超音速飛機或飛彈形成的衝擊波傳至地面而形成的巨大聲響。

　　另外補充說明，新聞曾報導過極速飛彈飛行速率為5馬赫，什

麼是馬赫數（Mach number）？馬赫數是代表聲源速率與聲速的比值。若戰鬥飛機以2馬赫數飛行時，就表示飛機的速率為空氣中聲速的2倍；同理，極速飛彈飛行速率為5馬赫，表示飛彈的移動速率是空氣中聲速的5倍，這可是會在地面產生驚人的音爆聲，同時造成地面的觀察者受到傷害。

都卜勒效應

　　波具有反射、折射的現象，不論反射或折射，波的頻率都不會改變，這是因為頻率與波源的振動有關，與介質和狹縫等無關。然而，波的頻率會因為波源和觀察者之間的相對運動，而使觀察者接收的頻率產生變化。波源靠近靜止的觀察者，觀察者接收的波長會變短，頻率會增加；反之，當波源遠離觀察者，接收到的頻率會減少。若是觀察者靠近靜止的波源，由於單位時間內接收波的數量增加，因此頻率也會升高；相反的，遠離時，觀察者接收到的波數減少，頻率會下降。

　　因此，波源與觀察者相對位置靠近時，接收到的頻率增加；相對位置遠離時，接收到的頻率則會減少。這種因波源與觀察者相對速度改變，進而影響觀察者接收頻率的現象，稱為「都卜勒效應」。例如波源為救護車鳴笛的聲音，當相對位置靠近時，聽到的聲音頻率則升高；相對位置遠離時，聽到的聲音頻率則降低。

當波源靠近男士觀察者，觀察者接收的波長變短，頻率增加；當女士觀察者主動靠近波源，頻率會升高。

02 都卜勒效應在不同領域的應用

NEWS｜你是否有這樣的經驗：當一輛救護車經過我們前後時，警示聲的音調會有明顯的變化，這是發出聲音的聲源，與我們觀察者之間的相對運動造成的「錯覺」現象，也稱為都卜勒效應，此效應是物理學家都卜勒在1842年發現的。以下介紹都卜勒效應在不同領域的狀況與應用。

☀ 聲學上的都卜勒效應

本章第1節曾提過，聲波的都卜勒效應是指，假設同一物理環境，空氣中的聲速幾乎不變，若單一頻率的聲源相對接近觀測者，觀測者接收聲波的頻率會升高，也就是接收的波長相對變短；然而，如果此聲源相對遠離觀測者，則觀測者接收聲波的頻率會降低。換句話說，單一頻率的波源靜止時，各方向的靜止觀測者測得的頻率都一樣，但當波源與觀測者進行相對運動時，觀測者測得的頻率與靜止波源發出的頻率不同，由於相對運動，會造成接收的頻率發生變化。

目前交通警察都已採用科技執法，其中聲音測速的方法，就應用都卜勒效應。測速儀向行駛中的車輛發射已知頻率的超音波，測量反射波的頻率，根據反射波的頻率變化多寡，即能知道車輛的速

率。裝有都卜勒測速儀的監視器，大都裝在路旁的高處，在測速的同時，也拍攝車輛牌照號碼，並在照片上自動列印測得的速率。在其他領域，比如球探蒐集投手的投球球速、蝙蝠或海豚藉由聲波偵測周遭移動的物體，概念都相通。

👁 光學上的都卜勒效應

不僅聲波有都卜勒效應，所有的波動都有類似的現象，包含水波、電磁波等。

以電磁波的可見光波段為例，當光源與觀測者相對接近，則觀測者所見光波的頻率會增加，也就是光的頻率會往較短波長的藍光方向偏移，此現象為**藍移（blue shift）**；反之，若光源與觀測者相對遠離，則光波的頻率降低，往較長波長的紅光方向偏移，稱為**紅移（red shift）**。

都卜勒效應可應用於探究天體的運動，我們接收測得的光譜線位置，因恆星運動而偏移，若光譜線紅移，則可推知該天體正遠離我們地球。

提到探索宇宙，自然想到太空望遠鏡，想到哈伯望遠鏡和2021年聖誕節升空的韋伯望遠鏡。聊到光波的都卜勒效應，這裡插播聊聊哈伯。

哈伯是一位知名的美國科學家，曾經測量遠方星系特定元素的光譜，並且與地球上同一種類元素的光譜比對分析，分析後得到了重大發現：來自遠方星系的光，其光譜線都向紅色的一端偏移，稱為「紅移現象」，偏移的程度會隨星系的距離愈遠而愈大。

光譜紅移是什麼意思？根據光波的「都卜勒效應」，紅移現象是星系與地球的相對運動而造成。哈伯發現，遠方的星系正離地球遠去，而且星系遠離地球的速率與該星系和地球的距離成正比。換句話說，距離地球越遠的星系，遠離地球的速率越大，我們稱這項

發現為「哈伯定律」。哈伯定律告訴我們什麼呢？**星系之間互相遠離，宇宙正處於膨脹狀態中。**

☀ 醫學上的都卜勒超音波

醫學檢驗也應用都卜勒效應，2022 年的大學學測也以此命題。

在都卜勒超音波的檢查中，除了體內組織的影像外，還藉由測量超音波的反射波的頻率變化，來計算血液流速，提供醫療資訊。原理是，血管內的血液流動時，可透過超音波波源與血液的相對運動來觀察：當血液接近聲源時，反射波頻率增加；血液離開聲源時，反射波頻率減小。反射波頻率的變化量，與血液流動速率成正比，而根據超音波的頻率變化量，就能測定血液的流速，提供醫療診斷的依據。

醫院檢查血液的血流計是運用都卜勒效應的概念設計而成。

03 唱歌竟能 把玻璃杯唱破？

時事 話題

NEWS｜某一集綜藝節目裡，歌手唱歌時竟然唱破高腳杯！學生跑來問我：「把高腳杯唱破，這在物理學上有可能嗎？」真是好問題，這究竟是節目效果還是科學現象呢？電影情節裡也曾出現過，主角大吼一聲，把人震退好幾公尺，這到底有可能嗎？聲波真的有辦法這樣傳遞能量嗎？

👁 唱破高腳杯是真的！

　　歌者唱破高腳杯，就物理學來說是有可能，而且如果用物理實驗室的聲波共振（resonance）擊破器，就能驗證歌者是否真能唱破高腳杯。當聲波產生器的頻率調整到與高腳杯的自然頻率（natural frequency）相同時，加上足夠的聲波振幅，就能擊破杯子。**聲波透過空氣等介質傳播能量**的這個特性，也能應用在超音波儀器，協助醫師處理病患的腎或膀胱的結石問題。

　　物理學中，**聲音的共振現象也稱為共鳴**。樂器發出悠揚的樂音，正是運用共鳴的效應，例如吹奏管樂器時，嘴唇吹氣引發空氣振動，因樂器管內空氣柱包含不同的頻率，所以只有與樂器管內空氣柱的自然頻率相同時，才會發生共鳴，於是成為我們聽到的樂音。兩端固定的弦，受到外界略微撥動後，可產生一系列不同頻率

歌者唱破高腳杯，
就物理學來說是有
可能發生的。

的駐波，而物體的自然頻率不止一個。若外界的擾動是呈現週期性的變化，例如用手週期性輕碰單擺，物體也會隨之振盪，當外界擾動的頻率恰好與物體的自然頻率相同時，即便是很小的擾動，也會讓物體產生大幅的振盪，此現象就是共振。

　　補充什麼是物體的自然頻率：物體若受到外界微擾，如輕碰一下單擺，會以固定的頻率來回振盪，稱為該物體的自然頻率。

☀ 共振有可能造成災難事件

　　物體發生共振時，因能量傳遞的效率高，也很可能造成災難事件！1985年，墨西哥市發生大地震，其振動頻率集中於0.5赫茲左右，造成特定高度的建築物大量倒塌。自然頻率高於0.5赫茲的較矮建築物，或自然頻率低於0.5赫茲的較高建築物反而安然無恙，學者曾解釋主要原因就是與共振有關。

　　另一著名的案例，是1940年，在美國華盛頓州的塔可馬吊橋，發生了被強風吹毀而落海的事件。此事件引起廣泛的討論，大家好奇究竟是什麼原因造成吊橋崩塌而落海的？

　　物理學家們以科學觀點解釋，主因可能是事件發生當天，強風吹襲橋面造成搖擺，週期性搖擺的頻率又恰好與吊橋的自然頻率非常接近，因共振效應而使橋樑大幅振動而造成崩塌斷裂。

　　為何強風不斷吹襲，會造成因共振而崩塌呢？這與 Part 1 提過的流體力學「卡門渦街」效應有關。為何會產生卡門渦街效應呢？當空氣等流體流經阻礙物時，流體會從阻礙物體兩側分離，形成交替的渦流，渦流會使阻礙物兩側流體的瞬間速率不同。依據流體力學的柏努利定理，流體流動的速率不同時，阻礙物兩側的瞬間壓力也不同，因而形成作用力，使此阻礙物振動。

　　最近的案例，則是 2021 年位於深圳的賽格大廈劇烈搖晃，專家學者判斷原因之一就是卡門渦街造成共振而晃動。塔可馬吊橋崩塌事件後來也成為橋樑工程的重要教材。現代的建築工程師，建築大樓和橋樑等工程設施時，皆會採取謹慎的預防措施，以減少因共振效應造成毀滅性災難的可能性。

04 「海風琴」的設計靈感

NEWS ｜聽音樂有很多好處，例如減緩壓力、提升睡眠品質等。目前常見的樂器，不外乎弦樂器、管樂器和打擊樂器等。例如高雄市衛武營國家藝術文化中心擁有迄今亞洲最大的管風琴。管風琴在西方宗教儀式扮演重要的角色，是世界最大型的樂器之一，流傳至今已有 2000 多年的歷史。當演奏者踩下管風琴的踏板或按下琴鍵時，對應音管的管塞會打開，氣流進入該音管即可發出聲音。

　　本文則介紹一種非常非常特殊的樂器，叫作「海風琴」（Sea Organ），它是位於克羅埃西亞的札達爾市海邊，一個著名的公共藝術作品。為了解海風琴的創意設計，我們先認識一下樂器發出樂音的原理。

☀ 樂器是如何發出樂音的？

　　你知道管風琴中不同的音管能發出特定頻率的聲音嗎？弦樂器如胡琴、吉他、小提琴，管樂器如梆笛、長笛、單簧管，之所以能發出聲音，跟物理學的**「駐波」**和共鳴有關。

　　什麼是駐波呢？拉琴時，兩端固定的弦會受到擾動，形成弦波，弦上的入射波和反射波的波長及振幅相同，反向前進的兩弦波，在具彈性的弦上相遇，形成合成波，此合成波既不向左也不向

右傳播，而是在原地振盪，這樣的合成波，就稱為駐波。駐波有其特定的自然頻率，發生共振效應產生共鳴，就是樂器發出聲音的原理。

　　管樂器利用空氣柱形成駐波，管風琴內的空氣柱，皆有一系列的自然頻率，也因此形成穩定駐波的頻率。像小提琴兩端固定且長度一定的弦線，其駐波的頻率不止一種，所有駐波的頻率統一稱為諧音。振動頻率最低的音，稱為第一諧音，也稱為基本諧音或基音；若比基音的頻率還大，則這些較高頻率的諧音稱為泛音。第二諧音的頻率為基音頻率的2倍，稱為第一泛音；第三諧音的頻率為基音頻率的3倍，也稱為第二泛音，以此類推。

　　樂器發出的聲音，通常由好幾個諧音以不同強度組合而成，諧音的相對強度不同，合成波的波形就不同，音色也不同。音調的高低由基音頻率決定，所以不同樂器雖然可發出相同頻率的聲音，但聽起來卻不一樣，就是因為波形不同而具有不同的音色。每一種樂器都有它獨特的音色。

　　長直空氣柱的管樂器，依駐波形成分為開管和閉管式兩種。兩端都是開口端的管樂器，例如長笛，空氣柱兩端的氣壓與大氣壓力相同，氣壓變化小，形成駐波時兩開口端都是空氣分子振動位移最大的地方，此處稱為駐波的腹點，形狀像大肚子模樣，空氣分子振動幅度最大。發生共鳴的空氣柱管內，至少出現一個空氣分子振動位移為零但氣壓變化最大的位置，此處就是駐波的節點，像繩子打結，波在此被綁住，無法振動。兩端開口的管樂器，手指按放氣孔，改變空氣柱長度，就可以改變音調高低。

☀ 「海風琴」的發聲原理

　　位於克羅埃西亞札達爾市的著名海邊景點「海風琴」，也稱為**海浪管風琴**，就是運用上述的樂器發聲原理，只是更特別一點。

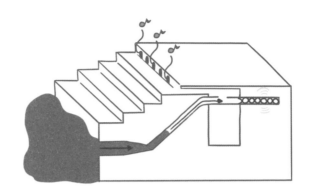

海風琴的設計靈感來自建築師聆聽海浪拍打岩石的聲音。

　　海風琴這個公共藝術作品，**設計靈感來自於建築師聆聽海浪拍打岩石的聲音**。海風琴沿岸，有黑白相間代表琴鍵的石階，而最特別的莫過於利用海浪推動空氣，在深埋於大理石堤岸中的聚乙烯塑膠管中，產生駐波而共鳴，並將聲音傳到頂層白色石階平面的小孔洞，使漫步的遊客感受到海浪的協奏曲。

　　風琴的塑膠空氣柱共有35支，每支長達70公尺，各有獨自音高與和弦。沿著地勢，每5支共鳴空氣管為1組，連續7組調整成自然音階的2個和弦。當遊客沿著海邊行走時，就能感受到和音的不同。

　　海風琴以共鳴空氣柱的物理概念，設計成公共藝術景點，是科學與藝術兼具的作品，創意十足，在2005年啟用後，翌年即榮獲歐洲城市公共空間獎，真的是實至名歸。

物理小教室 〉駐波與共鳴空氣柱的進階說明

　　將點燃的線香放在揚聲器前方，線香所生的白煙會隨聲波左右晃動，這是白煙左右兩側氣壓不同所造成。氣壓大小與氣體分子密度有關，密度較大處有較大的氣壓；反之，則氣壓較小。

　　聲波傳播時，在空氣中傳播的聲波就像彈簧縱波一般，空氣分子沿著聲波傳播方向在原地左右來回運動，如此便能使空氣分子產生疏密相間的分布，因此空氣中的聲波就是一種縱波，會使傳播路徑的空氣分子產生週期性的疏密分布並向前傳播，空氣中的聲波是一種疏密波。

　　聲波進入空氣管後，遇到另一端會被反射，當入射波與反射波相遇時，依據物理學的疊加原理，會形成駐波，聲波的能量轉換被限制在一範圍內。

　　長笛、單簧管、簫、小號等管樂器是空氣柱形成駐波的應用，不同管樂器的構造看似不同，但其發音原理大致簡化區分為閉管樂器與開管樂器兩類。閉管樂器是指利用一端封閉，另一端開口的空氣柱發音，例如：單簧管、排笛與小號等；開管樂器則是利用兩端皆開口的空氣柱發音，例如：長笛、直笛等。以直笛為例，其兩個開口端分別為吹嘴處與由上而下第一個手指放開的小孔處。

　　無論是閉管樂器或是開管樂器，當溫度固定時，聲速固定，我們皆可調節空氣柱長度以調整基音的高低。當空氣柱愈短，頻率愈大，音調就會愈高。

　　管樂器和弦樂器很類似，當我們對樂器管柱吹氣時，輸入的頻率可能很多種，但由於受限於管子本身的結構，只有某些頻率能形成駐波。

這些共振頻率能放大且維持較久，我們聽到的音樂其實是這些頻率組成的合成波。

撥弄琵琶、古箏等琴弦而發出聲音，「餘音繞樑，三日不絕」，這是弦線形成駐波，才能維持美妙的樂音。

學生常問我：「在開管或閉管樂器中，駐波的頻率都是整數倍嗎？」是的。依據空氣柱發聲原理的分析，共鳴空氣柱的駐波頻率只能是某些特定頻率，且會是最小頻率，也就是基音頻率的整數倍，不過，不一定是連續的整數倍，例如閉管空氣柱的頻率是奇數倍。

特別強調，一般發聲體發出聲音並不是只有單一頻率，而是多種頻率的波，我們聽到的聲音就是這群波綜合而成，音色由波形決定，聲音由一組不同頻率的基音和泛音混合成複音。

學生也曾問我：「共振和共鳴是指聲波的能量變大嗎？」不是喔！不論是單擺的共振或音叉的共鳴，都遵守能量守恆。共鳴管聽到的共鳴聲感覺變大，其實是能量被集中後，振幅變大，能量不會無中生有，能量來自於振動的波源。

學生也很好奇：「空氣柱共振產生音樂，難道發生共振都是好事嗎？」不一定。例如大卡車通過時，可能會聽到玻璃窗嗡嗡作響，這是玻璃窗的自然頻率與大卡車發出聲波的頻率相同而引起共振。曾有英國軍隊過橋時，整齊步伐的頻率接近橋梁的自然頻率，讓橋梁產生較大的週期性振動，構成潛在的危險性。

05 天空為什麼是藍色的？

NEWS | 潘越雲的〈天天天藍〉，是民歌時代一首很經典的代表作。短
短數句歌詞，淋漓盡致地吐露了思念的心情。學生曾經問我：「為
什麼不是天天天紅或天天天紫呢？」本節就來為各位解答。

👁 天空有可能不是藍，而是別的顏色嗎？

「天空為何是藍色的？」這問題與「是孤帆遠影碧山盡，還是
碧空盡？」的理由類似，都跟物理的光學理論**「瑞利散射」**有關。
晴朗的天空呈現藍色，並不是因為大氣本身是藍色，也不是大氣中
含有藍色的物質，而是**大氣分子和懸浮在大氣中的微小顆粒，對太
陽光散射**的結果。因為介質微粒不均勻，造成光線偏離原來傳播的
方向，向兩側或其他方向散射開來，這種現象是介質對光的散射，
也稱為瑞利散射，瑞利是一位英國物理學家。

我們眼睛看到大自然中的「顏色」，涉及了光學反射、折射、
散射等現象，以及人體眼睛本身的結構。人的肉眼覺察到的太陽
光，是由不同顏色的光組成的。「光」指的是可見光，它的本質是
電磁波，也就是可見光是電磁波家族族譜的一種，波長大約介於
400奈米到700奈米之間，不同波段的電磁波，有其特定的波長範

圍，不同顏色的光對應不同波長。其中，可見光波段的紅光，波長最長，能量較低；紫光的波長則最短，能量是可見光中最高的。

　　由於光具有直線前進的特性，因此會產生影子和日食、月食這樣的自然現象。然而，當光遇到大氣中的塵粒、水滴或氣體時，部分的光就會被吸收或反射、折射。當光被氣體吸收時，不同波長的光，被吸收的程度也不同。波長較長的光，如紅光，被吸收的程度較低；較短波長的光，例如藍光，被吸收的程度較高。**當氣體吸收光後，透過輻射，會把光射向不同方向，此現象稱為散射。**而太陽光射進地球大氣層時，因為藍光被大氣散射，所以我們仰望天空時，就看到天空是藍色的了。

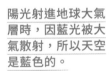

陽光射進地球大氣層時，因藍光被大氣散射，所以天空是藍色的。

　　若用「瑞利散射」理論來說，就是光遇到大氣中的微粒時，散射光的強度與此光的波長有關，波長愈短，散射強度愈強。人類肉眼可察覺的可見光中，波長較短的藍光，比較長的紅光更容易被散射，也就是藍光比紅光易發生瑞利散射，所以白天時天空就容易呈現藍色。

　　也許各位會想問：「既然可見光中波長較短的光容易發生瑞利散射，紫光波長比藍光更短，那天空為什麼不是天天天紫？」

　　天空不是紫色，理由可歸納兩種，一是**太陽光的紫光與紫外線波段，進入大氣層後容易被臭氧層吸收**；另一個則是**人類眼睛結構對紫光波段較不敏感**。

　　各位可能會再問：「夕陽西下，人約黃昏後，此時天空呈現的顏色偏紅，如何解釋呢？」日落時，太陽在地平線下，與白天的太陽位置比較，陽光經過較長的路徑才到達我們的眼睛。而波長較短的藍光，比較容易被吸收和散射，只剩下波長較長的紅光，因此太陽看起來是紅色。此外如果當時大氣中分布大量塵粒或水滴，反射紅光，此時天空也會呈現紅色。

☀ 是孤帆遠影碧「山」盡，還是碧「空」盡？

　　前面提過「天空為何是藍色的？」這問題，與「是孤帆遠影碧山盡，還是碧空盡？」問的問題類似。「孤帆遠影碧山盡」，出自李白〈黃鶴樓送孟浩然之廣陵〉這首詩：「故人西辭黃鶴樓，煙花三月下揚州。孤帆遠影碧空（山）盡，惟見長江天際流。」繁花似錦的3月，李白和好友孟浩然在位於黃鶴樓西邊的一處辭別，李白寫詩描述目送孟浩然揚州行，見帆影漸行漸遠。如果依據瑞利散射理論來判斷，3月的白天遠眺天際，應該是蔚藍或碧藍的天空，所以呢，或許孤帆遠影「碧空盡」會比較貼切吧！不過，閱讀文學是希望在廣闊的意境中多一些想像空間，體悟品讀詩文的美妙，至於「碧空盡」還是「碧山盡」，好像也沒那麼重要，科學論述在這裡或許只是增加對談的趣味而已。

瑞利散射、拉曼散射 與米氏散射

有關光線散射學問還很多，以下提供3種散射的資料給各位參考。

瑞利散射，適用於尺寸遠小於光波長的微小顆粒。當光線從一個原子或分子散射出來時，絕大多數的光子是彈性散射。光的強度和入射光波長 λ 的4次方成反比，波長較短的藍光比波長較長的紅光更容易發生瑞利散射。在光通過透明的固體和液體時都會發生，但以氣體最為顯著。

拉曼散射，是印度籍物理學家拉曼（Chandrasekhara Raman）提出的研究論點，他曾獲得諾貝爾物理學獎。拉曼散射是指，光波在被散射後頻率發生變化的現象。瑞利散射後的光子，有極小部分的光子出現散射後的頻率變化，通常比射入時的光子頻率低，原因是入射的光子和介質分子之間交換能量。以拉曼散射可解釋海水為何是藍色？捲起千堆雪的波浪何以呈現白色的視覺效果？有些實驗室也應用拉曼散射的概念來研究水質。

米氏散射，當微塵顆粒的半徑大小接近或大於入射光線的波長 λ 時，大部分的入射光線會沿著前進的方向散射，稱為米氏散射。米氏散射的程度與波長較無關，而且光子散射後的性質也幾乎不改變。因此，基於米氏散射理論的散射光線會呈現白色或灰色，可用來解釋為什麼正午時分，經過太陽照射的雲彩通常會呈現白色或灰色。

06 一道維持 9 小時的神奇彩虹

NEWS┃雨過天晴，我們常會看到天空出現美麗的彩虹，這是陽光和雨滴邂逅的色散現象。當然，看到彩虹並不稀奇，但要看到出現在空中長達近9小時的彩虹，或全圓的彩虹，就需要天時、地利、人和了。2017年11月，新聞曾報導陽明山文化大學附近，竟然出現持續9小時的彩虹，打破英國曾創下的6小時的紀錄，獲得金氏世界紀錄的認證。

👁 出現彩虹的物理原理

彩虹是光學的**色散（dispersion）**的體現。下雨後，大氣中水珠含量多，太陽一露臉，普照大地時，大氣中的水珠就如同三稜鏡般，陽光通過水珠後，不同色光的路徑會分開，而觀察者觀看時，視線隨光的路徑延伸，不同顏色的光就會看起來像來自不同位置。如果想看到彩虹，一定要有陽光和水珠，且觀察者的位置要背向太陽，也就是太陽在地平線東方時，彩虹必定在西方。

為什麼會發生色散現象呢？色散，是指**太陽光通過三稜鏡或大氣中的水珠時，分散成紅、橙、黃、綠、藍、紫等色彩。因為光線通過不同物質時，傳播速率改變而產生偏折，此稱為折射。**不同頻率的可見光，對三稜鏡或水珠而言，具有不同的折射程度，也就是

各色光通過三稜鏡或水珠時的傳播速率不同，折射角度也不同，因此水珠與三稜鏡可以把太陽光的可見光波段「分離解散」，產生色散的現象。

此外，依據光學色散分析的結果，若以相同角度傾斜入射稜鏡或水珠時，紫光的偏折角度比紅光大。天空出現彩虹時，若仔細觀察，可能看到虹外的霓，虹霓往往姊妹情深，「連袂」演出大自然驚豔的戲碼，只不過霓妹深知相處哲學，不敢造次，掠走虹姐的光彩。虹霓現象都是因為陽光照射懸浮於空中的水滴，透過光線在水珠內的折射與反射現象。從地面仰望，虹位置較低，色彩排列是內紫外紅，而霓的仰角較大，色彩排列與虹相反，呈現內紅外紫。

為什麼虹是內紫外紅呢？當平行地面射入水滴的陽光，因進入水滴的位置不同，在水滴內經過兩次折射與一次反射後，會以不同角度射出。與地面夾角約42°時，折射而出的紅光的強度最大；與地面夾角約40°時，折射而出的紫光強度最大，因此，在地面的我們看到了虹。由於紫光偏折後的仰角較低，紅光偏折後的仰角較高，故虹的色彩排列是內紫外紅。

知道形成虹的物理原因，我們也可以理解霓的成因了。平行地面入射水滴的陽光，在水滴內經過兩次折射與兩次反射後，會以不同角度折射而出。與地面夾角約為51°時，折射出來的紅光強度最大；與地面夾角約54°時，折射而出的紫光強度最大。因此，在地面的我們看到了霓。由於紅光的仰角較低，霓的色彩排列為內紅外紫，與虹恰好相反。霓出現的仰角比虹稍高，且由於陽光在水珠內多經過一次反射，故色彩強度比虹弱，顏色比虹淡，因此我們常稱霓為「次虹」。

讀到這裡，各位應該就知道，形成彩虹的要件就是陽光和水珠，在平地上要看到彩虹，與水珠量和太陽的仰角有關，也與我們觀察者所在的地點有關。杜甫有句詩「會當凌絕頂，一覽眾山

小」，同樣的，若觀察者站在高處，看到的彩虹會更廣、更長，例如身在長程客機上，居高臨下，就有機會看到全圓的彩虹。

讀者也可以想一個問題：如果全臺灣同時下雨，也同時雨停，太陽露臉了，此時，臺北天空出現一道彩虹，高雄天空也是。那麼，你在臺北看到的這道彩虹，是否跟在高雄的朋友看到的彩虹是同一道呢？

👁 千載難逢的 9 小時彩虹

至於在陽明山的天空出現延續9小時的彩虹，這可說是上天送給臺北的禮物，究竟它是怎麼造成的呢？除了天氣條件的配合外，與季節、地理位置的關係也大有關係，所以說是天時、地利、人和，三者缺一不可。天時是指當天天氣合適，東北季風帶來水氣，上坡後因地形抬升，水氣凝結成水珠，加上太陽的仰角較低，形成彩虹的必要條件——陽光和水珠——一應俱全，尤其中午過後太陽的仰角逐漸下降，彩虹的仰角緩慢上升；地利，則是指文化大學所在位置觀察彩虹的視野非常好，很適合看到低仰角的彩虹；人和是指這道彩虹出現時，文化大學的師生全力持續捕捉與拍攝虹霓姐妹的倩影，記錄相關的科學資料，於是有了這則千載難逢的9小時彩虹紀錄！

陽光通過大氣中的水珠時，會分散成紅、橙、黃、綠、藍、紫等色彩。

關於色散與彩虹的進階說明

　　色散是指太陽光通過三稜鏡時，分散成紅、橙、黃、綠、藍、紫等色，由色散現象可知，白光是由這些色光組成的。不同頻率的光，對三稜鏡而言具有不同的折射率，光的頻率愈小，折射率愈小，各色光在三稜鏡內傳播速率不同，經過三稜鏡後的折射也不同。

　　有人問：未射入三稜鏡的陽光，人的肉眼可感覺到的可見光如紅橙黃綠藍紫光，在空氣或真空中光速都相同，為何進入三稜鏡後光速就不同？產生不同的折射程度？針對這一點，一個可能原因是光子與稜鏡成分碰撞時，紅光波長與藍光波長不同，能量不同，因此各色光在稜鏡內碰撞時損失的能量不同，造成偏向程度不同。

　　一單色光射入三稜鏡時，經過稜鏡兩折射面折射後的光線，其射出方向與原入射方向之間會有偏差的角度，稱為偏向角。偏向角與三稜鏡的頂角及稜鏡的折射率有關，三稜鏡的折射率愈大，則偏向角愈大。

　　天邊的彩虹，其光線就是太陽光經過水珠的折射、反射再折射後形成的自然現象。陽光進入水滴後，根據入射點的位置，折射後的偏向角會不同，例如：紅光在最小的138°偏向會最亮，這個最小偏向角的亮帶，經過反射及二次折射後，與入射陽光之間夾角大約是42°，所以我們會在與入射陽光夾角42°的方向，看到較強的紅光；同理，大約在夾角40°的方向，會看到紫光。這個路徑並不是各色光的唯一路徑，但卻是最集中的路徑。

07 海市蜃樓是虛幻還是真實？

NEWS｜學生問我：「國文老師要我們請教您，海市蜃樓的物理成因？因為國文老師要我們寫作時，也學習加入一些科學元素。」「老師，為什麼馬路上遠看好像有一灘積水，近看卻沒有呢？」「電視新聞曾報導，廣東的民眾看到海面上的高樓和山脈，但專家學者的解釋是海市蜃樓現象。什麼是海市蜃樓？」

　　海市蜃樓，是一句成語，簡單說是虛幻不真實的現象。唐代詩人李白的詩〈渡荊門送別〉曾寫道：「渡遠荊門外，來從楚國游。山隨平野盡，江入大荒流。月下飛天鏡，雲生結海樓。仍憐故鄉水，萬里送行舟。」詩中的「月下飛天鏡，雲生結海樓」，用淺白一點的話，就是「一輪皎潔明月，在天空移轉，如一面在空中飛行的明鏡，雲層與城廓結合，幻化成海市蜃樓」。李白寫出空氣中若隱若現的海市蜃樓幻景，可見，古今皆有大自然光學裡海市蜃樓的有趣現象。

☀ 國王的海市蜃樓

　　炎熱的天氣，我們常看見柏油路面上的假積水或倒影現象，究竟要怎麼用物理學來說明其原因呢？民國95年，第46屆全國科展的得獎作品中，嘉義女中的師生以令人敬佩的科學態度，發表「國

王的海市蜃樓」，提出「**柏油路面上的假積水現象及倒影的主要成因，是柏油路面的單向反射，而非空氣的折射與全反射**」。經他們觀察與實驗發現，地面與上層空氣的溫差，並非柏油路面上假積水現象及倒影出現的必要條件，反而跟入射光的角度、路面的平坦程度及路面的性質有關。

柏油路面上的假積水現象與倒影。

前面引述李白詩「月下飛天鏡，雲生結海樓」中的「雲生結海樓」，可能與廣東的民眾看到海面上的高樓影像類似，都是海市蜃樓現象，而這些現象的成因，會不會跟前面說的「國王的海市蜃樓」的觀察與實驗結果，也就是「接觸面單向反射」有關呢？這值得進一步研究與探討。

我們先從物理學的幾何光學──光的折射與反射說起。

光的折射和反射現象，是許多人學過的幾何光學名詞，也是人類很早就知道的物理現象。說海面上出現高樓影像，是從光在溼度和密度不均勻的空氣中傳播而產生的物理現象，這有科學根據。

若氣壓一定，空氣密度會隨溫度升高而減小，對光的折射程度也隨之減小。大氣由一層層折射程度不相同的介質密接組成，夏天時，海面上的空氣溫度比空中低。當遠處的山峰、樓閣發出的光線射向空中，由於空氣的折射程度下層比上層大，光線不斷被折射，愈來愈離法線方向，進入溫度較高的一層，入射角不斷增大，當光線的入射角增大到某一角度時，光線在交界面全部反射，不會出現

穿透介面而偏折射入的現象，這時觀察的人就會看到遠方如夢似幻的景物懸掛在空中了。

光線遇到不同物理特性，如密度不同的兩層物質時，在接觸的交界面會產生一部分光線反射回到原來的物質中，另一部分光線會穿透接觸面而改變行進方向，偏折射入另一物質中，這是折射。折射的方向與原來入射方向不同，偏向射入意指折射。光線在兩種不同物理特性的物質中，傳播行進的方向不同，偏向的程度可用物理學名詞「**折射率**」表示，光在折射率相差較大的兩種物質中行進時，偏向的角度會較大。

如下圖所示，當光線遇到不同的物質種類或物理狀態時，光線會偏折，光線從溫度較高的暖空氣，進入溫度較低的冷空氣時，因為冷空氣和暖空氣的密度不同，因此光線偏折程度也不同，顯現光會轉彎。而因為人眼的視覺效果，會以為偏折後光線的延長線交集處才是真正的物體，其實不然，那只是真實物體的虛像而已，看到的虛像卻以為是真正的實體，是人眼視覺的錯覺！

海市蜃樓是人眼
視覺的錯覺。

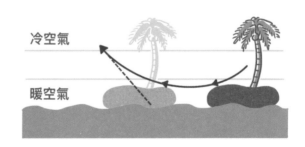

由上所述，海市蜃樓是光線在不同物質中傳播時造成的虛像，它既是夢幻，也是詩人文學情意的寄託。我們在欣賞許多古詩詞的優美文句時，偶爾看到詩人相關的描寫，這種富含情意又隱含物理學的詩句，是不是很有趣呢？

關於折射的進階說明

　　光從一物質進入另一不同的物質時，行進方向改變的現象稱為折射。光從光速較快的物質射入光速較慢的物質時，例如光從空氣中斜向射入水中時，其折射線偏向法線，入射角大於折射角。當光從光速較慢的物質進入光速較快的介質時，例如光從水中射入空氣中時，則射出的光線偏離法線，即入射角小於折射角。

　　光在折射時遵守折射定律：入射線、折射線、和法線均在同一平面上，且入射線和折射線分別在法線的兩側。入射角和折射角的正弦比值為一定值。

　　入射角和折射角的正弦比值為一定值是由司乃耳（Snell Willebrord）發現，稱為司乃耳定律。若光從真空中傳播進入某物質時，則定義入射角和折射角的正弦比值為該物質的折射率。折射率的大小代表光的偏折程度。依據物理學定義，真空的折射率為1，空氣的折射率非常接近1。

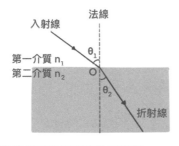
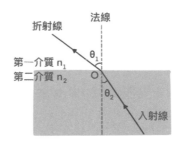

圖為光的折射路徑與光的可逆性。

（左）光由介質1進入介質2時入射角為θ_1，折射角為θ_2。

（右）光由介質2進入介質1時，若入射角為θ_2，則折射角必等於θ_1，光具有可逆性，光會循原路徑反方向行進。

08 飛機如何安全著陸？

NEWS｜2020年7月初，媒體報導某航空A330機型客機，驚傳在松山機場降落時電腦全失效事件，這個罕見案例引起航空界高度關注。新聞指出，該客機降落時，主輪已觸地，但飛航主控的電腦系統卻失效，自動剎車及反推力器未發揮功能，導致減速異常。幸好，駕駛應變快，緊急採手動剎車，處置得宜，最後停在距離跑道末端近10公尺處，未釀成嚴重的撞擊事故。

此案例後續引起討論，一位專業機師認為，幸好當天乘客僅80人，萬一客機滿載，結果可能「死定了」，並提出善意提醒，電腦失效原因未查明釐清前，空中巴士最好不要降落在松山機場，理由是松山機場跑道太短，沒有可供應變的多餘跑道。本節就來為各位說明飛機降落相關的物理學知識。

👁 飛機如何對準跑道而安全著陸？

假設飛機抵達目的地時，遇到霾害或有濃霧的天氣時，如何對準跑道安全著陸呢？空服員在飛機準備降落時，一再提醒乘客關閉手機、筆電等電子通訊設備，究竟為什麼？電子通訊設備發出的電磁波，真的會「干擾」飛機與塔台之間的導航設備嗎？

目前應用很廣泛的飛機精密進場和降落導引系統，是俗稱**盲降**

系統的儀表著陸系統（Instrument Landing System，ILS），此系統主要有2個子系統，一個為航向台，位於跑道末端，由2個或以上的天線組成，提供水平引導；另一個是下滑台，負責垂直引導。

　　為了能詳細說明客機如何對準跑道安全著陸，容我先介紹光學的**雙狹縫干涉**現象。當兩個成分波相遇時，它們個別的振動位移彼此可線性相加，滿足疊加原理（superposition principle）。當兩成分波相遇時，合成波的振幅變大，比成分波還大，稱為建設性干涉（constructive interference）現象；相反的，當兩成分波相遇時，合成波的振幅變小，比成分波還小，稱為破壞性干涉（destructive interference）現象。

　　同樣地，光也有干涉現象，但因為光的波長約在400奈米到700奈米，比聲波的波長短很多，不容易觀察到光的干涉現象。1801年，楊氏設計雙狹縫實驗的裝置，**透過光的干涉產生的亮紋與暗紋間距**，證明光具有**波動性**。

　　我們生活中看到的彩色泡膜，並不是本身泡泡的顏色，而是不同色光彼此干涉（interference）的結果。干涉條件會因為泡膜的厚度、光源與觀察者的位置而改變。另外，像彩色的油膜與蝴蝶的繽紛色彩，都是光干涉的結果。

楊氏在1801年完成的雙狹縫干涉實驗。可在屏幕看到光干涉的結果，證明光具有波動性質。

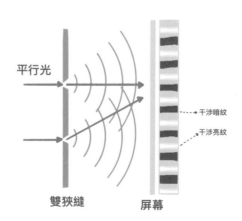

平行光

干涉暗紋

干涉亮紋

雙狹縫　　　屏幕

　　分析如何形成干涉條紋前，我必須強調「同調性」的重要。為簡化說明，我以水波同相波源為例。水波干涉時，兩同相波源會同時產生波峰或波谷。由於光波波前同時到達兩個狹縫處，因此會同時產生波峰或是波谷。由惠更斯原理可知，雙狹縫可視為兩個同相的點光源，能夠產生穩定的干涉圖案。

　　除了同相光源外，只要是同調光源，就能產生干涉圖案。日常可見的雷射筆，就是很好的同調光源。楊氏身在沒有雷射光的時代，如何找到同調光源做實驗呢？他極具巧思地讓光先通過單狹縫後，再擺上雙狹縫就可以做光的干涉實驗。通過雙狹縫的光，來自單狹縫造就的同一光源，是很好的同調光源，所以能產生穩定的干涉圖案。

　　討論光的雙狹縫干涉實驗，得先定性說明，再定量分析。假設通過雙狹縫的光源同相，光自狹縫到屏幕上某一點的距離，是光走過的路程，也稱為光程，而兩狹縫光程的差值，即為光程差。由於兩光源抵達屏幕上各點的光程差不同，因而產生亮暗相間的干涉條紋。當光程差恰好為波長的整數倍，兩狹縫發出的光做建設性干涉，產生亮紋；當光程差是半波長的奇數倍，則做破壞性干涉而出現暗紋。

　　當我們了解以上雙狹縫干涉的概念，再來解釋飛機如何安全降落，會比較容易理解。

　　以兩天線的組合而言，如同物理光學的雙狹縫，會發射出單一頻率且相同相位的電磁波。依據雙狹縫干涉的光程差，中央主軸線上位置的光波路程差為零，是完全建設性干涉的亮帶，飛機上收到訊號強度最強，兩邊則為第一暗紋，暗紋為破壞性干涉，光波路程差為半個波長，訊號強度弱。

　　因此，**當飛機對準跑道時，飛機儀表上顯示的訊號最強；若偏離跑道時，飛機上接收的訊號會明顯減弱**，機師就知道要調整方

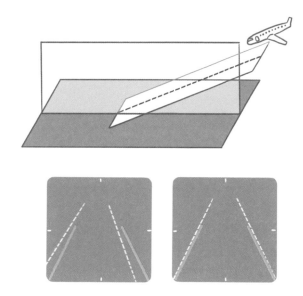

當飛機對準跑道時，飛機儀表上顯示的訊號最強；若偏離跑道時，飛機上接收的訊號會明顯減弱，機師就知道要調整方向。

向，對準正確跑道，如同在雙狹縫干涉時的中央主軸上，讓接收的訊號最強。

手機、筆電等電子通訊設備發出的電磁波，會干擾飛航通訊，影響飛行安全，旅客一定要遵守規定，千萬不可忽視。

前述新聞提及，機師認為當時幸好空中巴士載客量較少，因此能安全停止，萬一客機滿載，結果可能「死定了」。這段言論是否有科學根據呢？

以牛頓運動定律來看，若欲使運動中的物體停下來，必須對此物體施外力，才能阻止它繼續運動；物體的質量愈大，速度愈快，施加的外力須愈大，才能讓它停止；換句話說，被質量很大、速度很快的物體撞到，傷害可能相對嚴重。

因此，若同一架飛機著陸時的移動速度固定，則滿載時的質量愈大，要使飛機停下來，跑道上的阻力或摩擦力需要更大，這是滿載近300人的客機降陸跑道時要停下來的難度，比僅載80人時高，

載的人愈多,自然風險愈高。

　　然而,飛機是否衝出跑道,實際情況的影響因素很多,包含:輪胎狀況、跑道是否積水?摩擦力來源為何?剎車力道和跑道長度等,這些都與飛機著陸的安全有關。

雙狹縫干涉實驗的進階說明

　　分析雙狹縫干涉實驗時，可忽略狹縫本身的寬度。利用惠更斯原理，光通過雙狹縫後的干涉，可視為兩個點光源的干涉。但在分析單狹縫繞射時，狹縫的寬度不可忽略。由惠更斯原理知道，光通過單狹縫的繞射，可視為無限多個點光源的干涉結果。

　　當狹縫中央正對光屏的點，所有子光源近似平行入射且幾乎同時到達該點，彼此間沒有光程差，因此在該點所有來自子光源的光，完全建設性干涉，此點就是中央亮紋的中心位置。

　　日常生活中哪些是繞射現象？例如我們拿著百元鈔票，翻動不同角度看，百元鈔票上的油墨會變色。這變色油墨其實就是應用光的繞射，因此才能在不同角度看到不同的顏色。

在分析單狹縫繞射時，狹縫的寬度不可忽略。

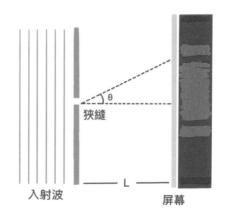

PART 3
熱與電磁學

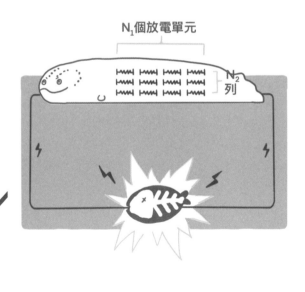

悠遊卡內沒有電池，又不需插入讀卡機，為何還能感應呢？新冠疫情期間，處處可見的紅外線熱像儀或額溫槍，是怎麼測量體溫的？本章以電磁學與熱學為主題，為各位介紹日常生活中跟我們最相關的例子！

01 追蹤癌細胞的正子斷層攝影

時事話題

NEWS ▏課堂上，筆者曾對學生提到夸克和電子是組成物質的基本粒子，並且補充說，有些基本粒子還有失散多年的孿生兄弟「反粒子」。例如，有一種質量與電子相同，帶有相同電荷量、電性卻相反的反電子（anti-electron），我們稱它是正電子或「正子」（positron）。

學生立即提問：「老師，那醫院裡的正子斷層攝影，跟您提到的正子有關嗎？」是的，正子斷層攝影的正子就是正電子。其基本原理是，先給病患注入正子追蹤劑，追蹤劑會集中跑到代謝功能異常的特定細胞內，再由正子掃描儀造影得到影像。以目前應用最廣泛的癌症檢查儀器而言，最常使用的正子追蹤劑為正子標記的脫氧葡萄糖或去氧葡萄糖，葡萄糖是人體內大部分細胞代謝時的原料，所以正子標記脫氧葡萄糖會被人體正常的細胞吸收。

👁 「電子」與「反電子」

說明醫院的正子斷層攝影（Positron Emission Tomography，簡稱PET）之前，先簡單聊聊電子和它的歷史。

發現電子的身世，我們應該要感謝19世紀末英國物理學家湯姆森（Joseph John Thomson），當時他一直很有系統地研究陰極射線（cathode ray），最後確定陰極射線是一種帶負電的粒子流，也

就是後來所稱的**電子（electron）**。湯姆森不僅發現電子，也發現電子的電荷量和質量的比值為一定值，也就是荷質比是一個常數，不管哪種原子，都會含有同樣性質的電子，且其荷質比都相同。

1912 年，美國物理學家密立坎（Robert Andrews Millikan）則透過精巧的油滴實驗，發現一個電子所帶的電量，也就是基本電荷（elementary charge）。密立坎測出電子的電量後，再依據湯姆森的陰極射線管實驗的荷質比結果，進一步推得電子的質量。至此，構成物質的基本粒子電子，其電性、電量和質量終於揭曉了。

電子的簡史如上述，那電荷性質與電子相反的粒子呢？1928 年，英國物理學家狄拉克（Paul Adrien Maurice Dirac）提出了反粒子的概念，說明宇宙存在一種**質量與電子相同，但電性相反的反電子，也就是正電子**。狄拉克提出反電子概念後，1932 年，物理學家安德森（David Anderson）在宇宙射線中發現了反電子，證實了狄拉克的論點。

也許你會說：「生活中極少見到反粒子組成的反物質吧？」確實如此，因為物質與反物質一旦相遇，兩者將玉石俱焚，幻化成光子，形成能量。現在回過頭來，我們把主題再次聚焦在電子和反電子的正電子身上。電子的問世和發現反電子，乍看之下，這些發現好像對生活沒什麼影響，不過事實上，這些發現可以說具體而微發揮在醫療診斷上。

☀ 正子是檢測癌細胞的關鍵

我們的身體是依靠飲食來吸收營養和能量，以維持生理機能的運作，但有些異常增生的壞胚子細胞，卻可能掠奪身體吸收的能量，侵門踏戶傷害到正常的細胞，這就是大家耳熟能詳且聞之色變的癌細胞。

如果醫師能透過儀器及早發現癌細胞，就能超前部署剷除它

們，造福病患。正子斷層攝影就是檢驗癌細胞的核子醫學儀器，它
利用正子準確偵測和標定癌細胞後，讓癌細胞無所遁形，可說是基
礎科學研究應用在醫學檢驗的知名範例。

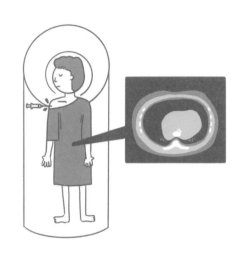

正子斷層攝影是目前
應用最廣泛的癌症檢
查儀器。

　　關於正子斷層攝影，也可以再說得更詳細。由於癌細胞異常增
生需要吸收大量的葡萄糖，於是醫學研究以氟來取代葡萄糖分子中
的氧，形成「氟代脫氧葡萄糖」，然後注射入受檢患者體內，等待
身體吸收。

　　對壞胚子細胞而言，氟代脫氧葡萄糖與正常的葡萄糖分子並無
二致，因此，癌細胞會吸收具有放射性的同位素氟18（也就是原子
序9、質量數18的氟），此同位素氟18會衰變為原子序8的氧18，
半衰期約2小時，衰變時會伴隨放射出一個正電子（正子），射出的
正子會遇到電子，交互作用後，產生光子訊號而被儀器偵測到，如
此一來，檢驗師或醫師就能標定大量吸收葡萄糖的異常增生的癌細
胞了。這就是醫學檢驗儀器正子斷層攝影或掃描的物理學原理。

　　讀者或許會問：「要如何產生正子呢？」這需要用「迴旋加速
器」產生正電子，但迴旋加速器所費不貲，造價高！加上放射性元

素不易取得，因此正子斷層攝影費用不低。

　　也許讀者還會疑惑：「既然有放射性和半衰期問題，正子斷層攝影檢查是否有輻射線的風險？」「網路傳言，正子斷層掃描輻射劑量跟原子彈輻射威力相當！真的嗎？」正子斷層攝影確實涉及放射性元素衰變，讓人暴露於輻射風險中，此說法合理，因此，是否需要用正子斷層攝影檢驗癌細胞，是需要醫師專業評估。至於正子斷層攝影的輻射劑量，大約是7毫西弗，其實劑量很小，不能與原子彈爆炸後的高輻射劑量相比，所以網路傳言不符合科學根據。

　　「道聽而塗說，德之棄也。」是孔子善意的提醒，他認為「傳播馬路新聞」相當不可取，聽到傳聞，不三思就到處散布，正是背離修養德性的行為。經過這麼久的年代，這句話至今仍適用。有關電磁波或輻射線的假訊息，容易以訛傳訛，造成無謂的恐慌，因此我們確實需要查證，聽聽專家學者的意見。至於身體狀況，仍要看專業醫師是否需要用到正子斷層攝影，醫師會視狀況評估與判斷。

物理小教室 } 正子斷層攝影原理的進階說明

　　如前文所說，做正子斷層攝影時，會使用具有放射性的顯影劑，如氟代脫氧葡萄糖進入體內，惡性腫瘤因為異常增生，需要吸收大量的葡萄糖，但癌細胞因為分辨不出氟代脫氧葡萄糖和一般葡萄糖有什麼差異，因此會照常吸收。

　　其中，放射性同位素 $^{18}_{9}F$ 會衰變成 $^{18}_{8}O$，並放出一個帶單位正電荷的正子 e^+ 和一個微中子 v_e，方程式則是寫為 $^{18}_{9}F \rightarrow {}^{18}_{8}O + e^+ + v_e$。

　　透過可偵測正子與電子交互作用的儀器，即可標定出大量吸收葡萄糖異常增生的惡性腫瘤細胞。

02 醫院的磁振造影 究竟是什麼？

時事話題

NEWS｜2020年5月，新聞報導臺大醫院生醫園區分院再次引進了新世代的磁振造影儀（MRI）設備，並表示新機型有更先進的成像技術，能提供醫師更可靠的診斷效果。機體也經過優化設計，壯碩體型的受檢者也能輕鬆進入接受檢查！

在學校的選修課中，筆者曾與學生討論物理原理在醫學檢驗的應用，例如前一節提到的正子斷層掃描，以及上述新聞提到的磁振造影（MRI）技術。本節就來聊聊MRI！

👁 磁振造影的原理

磁振造影，簡稱MRI（magnetic resonance imaging），如同字面的意思，是由**磁場（magnetic）**、**共振（resonance）**和**影像掃描（imaging）**組成，說明必須具備強大磁場的環境，人體內水分子的氫原子與自儀器射出的低頻率電磁波發生共振，進而使氫原子重新排列，再透過高能階到低能階的能量躍遷，輻射出某種頻率的電磁波，然後經過數學轉換和電腦處理形成圖譜影像。

磁振造影技術是醫學檢驗和診斷的好幫手，可以得到高解析度的影像，是大型醫院醫療必備設備之一。磁振造影這個名詞，不僅是醫學檢驗裡很夯的名詞，甚至也曾出現在公共電視台紅極一時的

戲劇《麻醉風暴》情節和台詞中，其原理是應用**「核磁共振」**（**nuclear magnetic resonance, NMR**）現象，也就是人體內的氫原子核在強大磁場中，會根據磁場的強弱，採用與之相對應的頻率在磁場中穩定旋轉，好像地球繞著自轉軸進動旋轉一般；然後氫原子核會吸收與這個頻率相同的射頻（RF）無線電波的能量，也即共振，藉由頻率相同而產生共振現象，增強自己的能量。一旦射頻停止釋放無線電波，氫原子核將回復到原先的能量大小，於是便會放射出無線電波，經過儀器偵測後，轉換成圖譜，提供醫師解讀全脊椎或全腦的影像等。

　　磁振造影的影像強弱，與我們身體內的水分子多寡有關，水分子多的地方，氫原子數目較多，相當於身體內自行旋轉的小磁鐵較多，受到核磁共振儀的大磁鐵影響較明顯，因此產生共振現象較顯著，影像也較清楚，醫師可藉影像而了解病患的身體狀況。

　　醫院裡的核磁共振造影儀器，一般體積不小，核磁共振儀的大磁鐵是應用電流磁效應概念設計而成的超導體材料螺線管磁場，如同隧道，內部可產生高強度且均勻的磁場，磁場強度介於0.2至7.0特斯拉（tesla）。由於磁場很強大，因此受檢者進入磁振造影區之前，必須卸下金屬磁性物質，例如項鍊、手錶等，氧氣鋼瓶更不能進入造影區，避免被強力磁場吸附，在印度、韓國就曾發生過氧氣瓶被磁場吸附而撞傷或夾死病患的悲劇意外。

　　相對於其他掃描方法，MRI的危險性相對較低，不像照X光會擔心導致癌症，或正子斷層掃描（PET）得注射放射性試劑。不過，由於MRI機器內會施加強大磁場，因此病人若裝有調節心跳的節律器、身體內有磁性金屬，或患有害怕身處狹小空間內的幽閉恐懼症，就比較不適合接受MRI掃描。

　　核磁共振是諾貝爾獎獲獎最多次的科學研究主題，包含物理、化學和生理醫學獎等4次。例如1952年的諾貝爾物理獎，頒發給發

現核磁共振現象的物理學家布洛赫（Felix Bloch）與珀塞爾（Edward Mills Purcell），他們發現，只要原子核裡有不成對的質子或中子，則在磁場強度與無線電波頻率之間便有相對應的數學關係。2002年的諾貝爾化學獎，則頒給運用NMR解析溶液內蛋白質三維結構的科學家伍斯瑞齊（Kurt Wuthrich）。2003年諾貝爾生理醫學獎，頒給發展出MRI技術的物理學家曼斯菲德（Peter Mansfield）和化學學家羅特博（Paul C. Lauterbur）。

　　磁振造影技術是一門結合量子物理、醫學、數學、電子學和電腦技術等諸多學科的綜合性領域，坦白說，資料樣本龐大，理論深奧，設備昂貴，結構複雜。然而，由於不需有儀器侵入體內，也就是不具侵入性，現已是愈來愈普遍和安全的診斷與醫療追蹤檢驗儀器，對於檢測脊椎側彎與心臟、血管和大腦的病症，可發揮相當大的輔助功能。

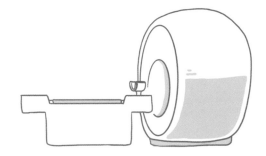

磁振造影技術是一門結合量子物理、醫學、數學、電子學和電腦技術等諸多學科的綜合性領域。

物理小教室 > 磁振造影原理的進階說明

　　核磁共振儀或磁振造影的原理，嚴謹來說，是利用原子核具有自旋角動量的特性，當原子核被施予外加磁場，方向與磁力矩方向不同時，可以想像為陀螺的軸心，原子核原本的磁力矩會繞著磁場方向擺動旋轉，就像陀螺在旋轉過程中會傾斜旋轉擺動一樣。這個現象以專有名詞「進動」（precession）描述，而進動具有能量，也有一定的頻率，在固定強度的外加磁場中，這個頻率固定不變。

　　磁振造影採用調節頻率的方法達到核磁共振。由線圈向人體發射無線電磁波，調整振盪器使射頻電磁波的頻率在人體某部分氫原子的共振頻率附近連續變化。當頻率正好與核磁共振頻率吻合時，射頻振盪器的輸出就會出現一吸收峰，顯示在示波器，同時由頻率計讀出此時的共振頻率值。

　　核磁共振儀是專門用於觀測核磁共振的儀器，主要由螺線管磁場區、探頭和譜儀3部分組成。螺線管大磁鐵的功用是產生一恆定均勻的磁場；探頭置於磁場磁極之間，用於探測核磁共振信號；譜儀是將共振信號放大處理，以及顯示與記錄。

　　MRI是一台體積巨大的圓筒隧道形狀的機器，能在受檢者的周圍產生強大磁場區的環境，藉由無線電波的脈衝撞擊身體細胞中的氫原子核，改變身體內氫原子的排列，當氫原子再次回到適當的位置時，會因能量躍遷而發出無線電訊號，此訊號藉由電腦的接收，加以分析及轉換，處理成影像。

　　再補充兩個概念。一個是螺線管（solenoid）內部怎樣產生磁場？

可以透過電流磁效應產生磁場。

　　螺線管是將很長的導線用螺旋方式捲繞而成的管狀體，若電流流過螺線管的線圈，內部產生的磁場可看成由很多匝且並排的電流圓形線圈所形成，可以使管內成為均勻磁場區域。若線圈繞得愈緊密，則管內磁場愈強。理論上，無限長螺線管內磁場是均勻的。

　　港口常用電磁鐵起重機搬運重物，其原理也是運用電流的磁效應。聽音樂用的耳機會發出聲音，是利用改變線圈的電流，控制線圈的磁性。在永久磁鐵旁，線圈會受力而振動，進而帶動振膜，推動空氣發出震動的聲波，這是電流磁效應的應用。

　　另外也解釋什麼是能階躍遷（transition）？這是物理學波耳提出氫原子模型的理論概念。當電子自一穩定態的高能階狀態，躍遷至低能階的狀態時，損失的能量會以輻射形式釋放出來，呈現特定波長的清晰譜線。進一步說明，當電子自一定態的能階躍遷至另一定態的能階，過程中將會發射或吸收一個光子，且光子能量由原子能量的差值決定。應用能階躍遷的概念，可設計與發展科技產品，例如雷射、半導體等。

03 悠遊卡的設計原理

NEWS │ 在課堂介紹電磁波概念時，有位同學佳琦舉手提問筆者：「老師，用悠遊卡刷進捷運站非常方便，那個背後的原理和電磁波有關嗎？」另一位同學婕妤回答：「應該是悠遊卡會發出電磁波，傳遞訊息到門閘的感應器吧？」

悠遊卡如今早已融入臺灣大都會的生活中，不論是捷運、超商、購物或搭乘公車，悠遊卡在手，便利許多。然而，悠遊卡內並無電池，也不需要插入讀卡機，為何能夠溝通而傳遞資訊呢？

☀ 為何沒裝電池的悠遊卡可以產生電流？

悠遊卡系統主要是應用**法拉第電磁感應定律**來辨識與傳遞資訊，此與無接觸感應技術有關，該技術稱為「無線射頻辨識系統」（radio frequency identification，RFID）。完整的一套無線射頻辨識系統，是由**讀卡機（reader）**、**電子標籤（tag）**和**應用程式資料庫電腦系統**3部分所組成。運作過程先由讀卡機發射一特定頻率的無線電波能量給電子標籤，藉此驅動標籤內建電路，輸送內部的身分代碼，以開啟溝通之路。

若以法拉第電磁感應的物理概念解釋，讀卡機產生變動磁場，同步提供電子標籤變動磁場，驅動電子標籤產生感應電流，也就是

讓悠遊卡內部迴路產生感應電流,並讓電子標籤發送身分代碼訊息給讀卡機,也即驅動內部晶片能夠發送訊號,讀卡機依序接收資訊、解讀此身分代碼,再透過應用程式資料庫系統讀取悠遊卡內的晶片資料,完整達成溝通與解讀任務。

每一張悠遊卡都有獨立的電子標籤,當卡片靠近悠遊卡標誌的磁場感應範圍內,即可透過電磁感應的原理,驅使電子標籤內的線圈產生感應電流,此電流供應電子標籤傳送資訊至讀卡機,以解讀晶片資料。

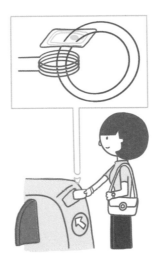

悠遊卡內部迴路
和讀卡機、變動
磁場的示意圖。

或許讀者會好奇,沒有電池的悠遊卡怎麼產生電流呢?這個問題也需要以法拉第電磁感應定律說明。

依法拉第電磁感應定律,悠遊卡的線圈迴路會因為**磁場強弱的變化**,以及**通過的面積區域**、**角度變化**而產生類似電池驅動電流功能的「**感應電動勢**」,或稱為感應電壓。此感應電壓大小與線圈匝數及每匝線圈中磁場隨時間的變化率有關。匝數愈多,磁場變化率愈大,悠遊卡迴路中的感應電壓愈大,產生的感應電流就愈大。因此,悠遊卡雖然沒有內建電池,但可以透過電磁波的應用,採用無

線射頻辨識系統，在運作時，讀卡機持續發出電磁波，當卡片接近時，其內部線圈產生感應電動勢，再進一步驅動感應電流。此感應電流讓卡片內的晶片發出電磁波，回傳必要的資訊給讀卡機，完成感應過閘的流程。

以臺北、臺中和高雄的悠遊卡來說，採用的是無線射頻辨識系統模式，屬於比較低頻率的電磁波，卡片必須距離讀卡機約**14公分內**，才能讀取卡片的晶片資料。因此若將悠遊卡裝在比較厚的皮夾或兩張磁卡疊在一起，可能無法第一時間完成讀卡，而形成「卡片無法讀取」的「卡卡」現象，建議單純使用悠遊卡過閘，較能順暢通過閘門。

其他如進出家門的感應磁扣、停車場的票卡、信用卡感應支付、國道收費系統ETC等，皆是應用無線射頻辨識系統RFID的技術，只不過國道收費系統ETC的感應器的感應距離約需60公尺內，才能順利讀取通過車輛的相關資訊。

物理小教室 〉手機行動支付的物理學原理

　　手機支付的運作原理也是基於RFID發展而出的近場通訊（near-field communication，NFC）技術。目前近場通訊技術採用頻率為 13.56 MHz的電磁波，以106 kbit/s、212 kbit/s或424 kbit/s這3種速率傳輸資料，bit翻譯為位元，是電腦資料的最小單位。

　　利用手機支付時，須靠近刷卡機約4公分距離內，此時可藉由電磁波傳遞相關資訊，完成付款手續。近場通訊技術不只有用在手機支付，也可運用傳輸文字、照片、音樂檔案，是目前手機常見的內建功能。

物理小教室

電磁感應的進階說明

電動勢（electromotive force, emf）可以驅動導體內的電荷移動，產生電流。電池因為內部材料的屬性，會在正負極產生固定的電位差或電壓。電動勢是電池正負極間的電位差，也常稱為電壓，其國際單位制（SI）單位為伏特（V）。

導體內的電流與電壓成正比，假設導線的電阻及電池的內電阻都可略去不計，電路中流動的電流是電壓與電阻相除後的數值。可知電池的電動勢，可以驅動迴路上的電流，讓燈泡發光發熱。

然而，一個未接電源的迴路導線圈，可不可能產生電流？可以。若是通過迴路導線圈的磁場變化或磁通量改變，也會產生感應電流，這是發電機的原理，也是物理學家法拉第和冷次的電磁感應概念。

電磁爐和捷運列車的磁煞車也是運用電磁感應的概念。電磁爐內部的主要構造是由絕緣體包覆的導線環繞的線圈，當交流電通過線圈時，電磁爐表面就會產生隨時間改變的磁場，這個磁場的變化會同時在鍋子底面產生應電流，再透過電流熱效應加熱鍋子，也加熱食物。

04 在水中善用高壓電的 電鰻

NEWS｜《科學人》雜誌有篇文章名為〈水中的雷霆〉，探討水中的電鰻是如何運用高壓電來攻擊獵物，非常有趣。你一定不喜歡被電的感覺，當然動物也是。電鰻使用電的方式非常多樣，可以用來感覺、攻擊和防禦等等。本篇我們深入了解電鰻為何能發出電流，牠施放電擊的機制，以及被電到的獵物會怎樣。

👁 電鰻是怎麼發電的？

　　電鰻體內組織會產生高電壓以驅動電荷的流動，形成電流，電流流過獵物的身體後就會產生電擊作用。但什麼是電流？物理學對電流的定義，是指正電荷流動，1秒內通過一截面的電荷量為1庫侖，稱為通過的電流為1安培，安培是電流常用的單位，也是國際單位制的基本單位。

　　以淺白的話來說，電流是非常小、卻多到數不完的電子在流動。如果流過人的心臟，可能讓人麻痺或致命！科學家曾利用高速攝影，拍下電鰻用高壓電攻擊獵物的過程，作為獵物的魚，在不到1秒內就靜止不動了，漂浮在水中。而當電鰻停止放電，魚隻又立即恢復運動狀態，由此顯示電鰻的電擊效應其實很短暫。

　　電鰻電擊獵物的運作方式，就好比執法人員用電擊槍制伏桀驁

不馴、想要脫逃的歹徒一樣，電擊槍經由線路，每秒發出 19 次高電壓的電脈衝，能干擾對方神經系統對於肌肉的控制能力，造成神經肌肉的暫時失能。而實驗發現，電鰻施放高電壓脈衝時，透過水能導電的特性，每秒可連續發出近 400 次的電脈衝，放電能力最高可達 600 伏特，且不是作用在獵物的肌肉上，而是連接肌肉的運動神經。你說，電鰻是不是在水中游動的進階版電擊槍呢？身上組織就是電擊槍，很厲害吧！

前面提到高壓放電能力的單位是用「伏特」，這是常用的電壓或電位差單位，物理的電學經常提到導線的「歐姆定律」，以單位而言，一條金屬導線兩端的電位差或電壓是 1 伏特，流過的電流是 1 安培，那麼電壓與電流的比值就是 1 伏特與 1 安培相除，得到的物理名詞稱為此導線的「電阻」，為 1 歐姆。

回到電鰻。科學家認為，原生於南美洲的電鰻科物種，同科其他物種會放出微弱電的訊息，偵測周圍環境並彼此溝通。電鰻在演化過程中，強化放電能力，發電器官可以長成和身體一樣長，超過 2 公尺長，體重達 20 公斤重，最高發電能力可達電壓 **600 伏特**。如此驚人的發電器官，是由許多特別的發電細胞組成，這些細胞相當於人類使用的電池，必要時透過高壓電釋放高電能。

電鰻攻擊獵物時，是由運動神經來控制發電，運動神經又由神經元控制。每次放出高電壓電脈衝，都是由神經元發號施令，經過運動神經元，將高電壓電訊號經由水傳導至附近魚隻，啟動魚隻的運動神經元，進而影響肌肉。透過高效能發電能力，電鰻得以遠距離控制獵物，讓獵物全身痙攣而無法動彈。從實驗結果來看，電鰻釋放高電壓脈衝，電擊後約 3 毫秒，也就是 3/1000 秒後，魚隻即靜止不動，顯然電鰻的發電機制啟發了人類發明電擊槍的構思，很有意思吧！

電鰻的電學

　　知名的英國物理學家法拉第研究過電鰻，幫助我們更理解電鰻的發電機制。

　　電鰻發出電流，電流是電荷的流動，電荷建立電場，形成法拉第提出的假想線——電力線，電力線從電鰻頭部的正極出發，連結至位於尾部的負極。電力線密度代表建立電場的強弱，正負極附近的電場最強，隨著距離增加而減弱。當正極與負極距離愈靠近，可增強兩者之間的電場。

　　攻擊時，電鰻會咬住獵物，然後捲起負極的尾巴靠近獵物，發出一連串的高壓電強力轟擊，以徹底制伏獵物。

　　電鰻在水中掠食時的放電過程如下圖，其中每一放電單元產生的電動勢為 ε，其內電阻為 r，每一列串聯線路各含有 N_1 個放電單元，全部共有 N_2 列線路並聯在一起。電鰻放電組織與周遭的水與獵物串聯形成迴路，周遭的水與獵物可得到總電阻 R，此電鰻可對總電阻產生最大電流 I。

N_1 個放電單元

N_2 列

電鰻攻擊獵物時的放電過程。

05 磁浮列車 為何能浮起來？

NEWS ｜ 2015 年，新聞曾報導日本東海旅客鐵道公司在山梨縣測試磁浮列車，創下時速603公里的驚人紀錄，也創下載人軌道列車的世界最快紀錄，而且持續時間長達19秒！

☀ 超導體的發現

在探討磁浮列車為什麼能浮起來之前，先來認識一下關鍵的「超導體」。在一般正常狀態下，物體具有電阻，其大小則視材料而定，例如同樣粗細的銀、銅、鐵的電阻就不同，導電能力也不一。**若使某些物體能冷卻至某一溫度以下時，則其電阻會完全消失，我們稱這樣的物體為超導態。**

當物體處於超導態時，若其內通上電流，則此電流可持續流動不歇息，也不會衰減，這樣的物體在某一溫度下，就具有零電阻，電子流動暢行無阻，也稱為超級導電體，簡稱超導體。

超導現象是荷蘭物理學家翁內斯（Heike Kamerlingh Onnes）在1911年發現的，他想到超導體「**零電阻**」和「**永久電流**」的2項特性，應能發揮巨大功能，例如，可以應用在製作輸送電力的電線，因無電阻，不至於產生熱效應而耗損電能；也可以用於製作高

效率的強力馬達和發電機等。

　　然而，當時純金屬轉變為超導體的「轉變溫度」非常低，必須使用昂貴且稀少的液態氦作為冷卻劑，液態氦的沸點大約是零下269℃或絕對溫度4K，極不合乎經濟效益。另外，在超導體內引發的「臨界電流」有其上限，超過此上限，超導態立即消失，恢復成具有電阻的正常態。因此研究超導體的應用，最初挫折很大。

　　1933年，德國物理學家麥斯納發現超導體具有反磁性，亦即會排斥外加的磁場，例如置放在磁鐵上方的超導體，因排斥作用而懸浮在空中。1950年後，物理學家發現，有些金屬化合物的超導體轉變溫度較早期的純金屬超導體提高約10度，而且臨界電流相當高，具有實用價值。這類的超導金屬化合物，目前已用在製造業的超強磁鐵，例如知名的醫療用核磁共振斷層掃描儀（Magnetic Resonance Imaging，MRI），是應用超導磁鐵，來檢視身體內部組織，發揮其診斷病灶的功能。又如先進國家日本，應用超導體產生的超強磁力，發展新世紀大眾高速運輸交通工具「磁浮列車」，行駛時既快速平穩又舒適安靜，為民眾創造福祉，為國家帶來觀光產業的「錢」景。

　　物理學家們在1986年後，又發現了新型的金屬氧化物超導材料，大幅升高超導體的轉變溫度，甚至高達零下148℃，相當於絕對溫度125K。物理學家相當重視這樣的超導體，因為僅使用沸點77K且比液態氦廉價、供應無虞的液態氮作為冷卻劑，就能使其進入超導態，有很高的實用價值。

☀ 磁浮列車能「浮」起來的原理

　　話題回到磁浮列車。前面新聞提到2015年JR東海的磁浮列車創下時速最快的紀錄，但在那之前，紀錄則是由日本中央新幹線的磁浮列車保持的，當時以時速近552公里，獲得載人列車最快的時

速紀錄。

　　磁浮列車應用超導磁鐵的**強力磁場**，讓列車浮起並行進。實際原理是什麼呢？依日本物理學家對於東京大阪幹線的磁浮列車的解釋，他們指出，線路上配置並列的線圈，當載有強力磁鐵的列車靠近時，線圈會產生感應電流以阻止磁場進入，列車於是藉此行走，此概念涉及電磁感應。當列車搭載的磁鐵具有愈強的磁場時，向上浮起列車的力量愈大。使用超導磁鐵時，也使用永久電流的線圈，如此就能消耗較少的能量。

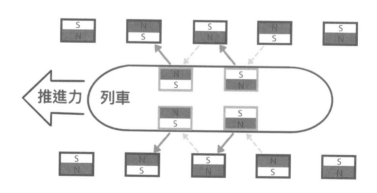

除了設置於地面上的線圈通上電流、讓列車浮起之外，還需要設置列車前、後方的線圈，用列車前方的線圈吸引列車的超導磁鐵，並仰賴列車後方的線圈產生推進力，構成向前移動的合力，最後使列車浮起又前進。

　　要讓磁浮列車載運旅客，不能只是浮起，還要向前行。因此，除了設置於地面上的線圈通上電流，讓列車浮起之外，還需要設置

列車前、後方的線圈，應用列車前方的線圈吸引列車的超導磁鐵，又仰賴列車後方的線圈產生推進力，前後線圈一吸一推，構成向前移動的合力，才能使列車浮起又前進。

配載超導磁鐵的磁浮列車，浮在地面上大約10公分，與安置並列線圈的兩側軌道牆壁距離為2公分，間隙確實很小，有人就懷疑：「間隙這麼小，高速行駛的列車不會擦撞牆壁嗎？」「萬一發生強震時，會不會引起重大交通事故呢？」日本物理學者似乎聽到民眾的顧慮，告訴民眾不用杞人憂天，因為磁浮列車比一般火車還具有地震應變力，因為當發生某種因素造成磁浮列車靠近一側牆壁時，列車與牆壁的感應線圈距離縮短，磁場排斥力立即增強，這樣的排斥力會促使列車回復到中心位置，因此在高速行駛時，並不會產生與兩側牆壁擦撞的疑慮。

使用超導磁鐵的磁浮列車，行駛時不僅無地面的摩擦力效應，也能在消耗低能源情況高速行駛。唯一要特別考量的是，磁浮列車高速行駛時的**空氣阻力**，也即風阻效應。一般而言，物體運動速率愈快，受到空氣的阻力愈大，此阻力與接觸面積有關，高速近500公里的磁浮列車，風阻造成消耗能量大，此時必須設計列車的造型，若行駛時能成管狀型態，可降低空氣阻力的影響，提高行駛速率，也減少耗損能量。

至於磁浮列車配備搭載的超導磁鐵，一般會產生50000高斯以上的強磁場，隨著超導磁鐵材料愈來愈先進，未來時速或許可以上看1000公里也說不定！

超導體的進階說明

物理學家翁內斯於 1911 年意外發現汞（Hg）降溫至 4.2K 後，出現近乎零電阻的現象，開啟科學界對超導體性質的研究。1933 年，邁斯納（Walther Meissner） 量測到超導體具完全反磁性，稱為邁斯納效應（Meissner effect）。

物理家解釋超導體原理，從微觀角度說明超導體中電子形成古柏配對（Cooper pairs），實現零超導現象。1986 年，米勒（Karl Müller）和貝德諾茲（Johannes Bednorz）發現高溫超導「鑭鋇銅氧」，此超導材料的電阻從 35K 起就開始下降，至 10 幾 K 便出現零電阻。

電阻一般為導體內原子熱振動、晶格缺陷、運動中的電子與原子碰撞等造成電子傳導受阻。超導體的導電現象與一般導體不同，當超導體處在高於臨界溫度的環境時，其導電性質與一般導體或半導體相同，不過環境一旦降低至臨界溫度，原子內自旋相反的一組電子會形成特殊區域，使電子傳遞不再受影響，隨著溫度持續降低，電阻將驟降至零，這是超導體的零電阻（Zero Resistance）現象。

前面提到臨界溫度，就理論而言，超導體的臨界溫度為一固定值，然而實驗過程電阻驟降會發生在一溫度區間，開始驟降的溫度稱為起始溫度，降至電阻零的溫度稱為零電阻溫度，兩者之間的差值越小，表示材料的超導效果更好。

補充一下反磁性（diamagnetism）的概念。當物質處在外加磁場中，電子會受力而改變運動狀態，將產生與外加磁場相反方向的感應磁場，產生斥力。反磁性可以發生在任何物質，只是程度不同，對於具有

其他磁性如順磁性、鐵磁性的物質而言，其反磁性可忽略不計，而對於只具有反磁性的物質，通常被認為是非磁性物質。超導體在一般狀態下轉變為超導態，會產生反磁性，使其磁通量趨近於零，這是邁斯納效應，被當作判斷物質是否存在超導態的依據之一。

06 被譽為護國神山的 臺灣半導體產業

NEWS | 被譽為臺灣「護國神山」的半導體（semiconductor）產業，在設計、製造、封裝到測試，皆具國際競爭優勢。談到護國神山，大家應該都會想到台灣積體電路（integrated circuit）公司，也就是台積電。半導體與晶片（chip）是全球科技產業重要的議題，即使2022年2月俄羅斯入侵烏克蘭，媒體報導的焦點之一也提及戰火對全球半導體產業的影響。

此外，半導體產業的人力需求非常大，政府就分別在臺大、清大、陽明交大、成大等大學設立「半導體學院」，大致分為「元件技術、材料與物理」、「積體電路設計與應用」、「先進製程設備與封裝」、「電子材料與化學」4組招生，直接針對半導體的不同專業來培育專才。本篇聊聊半導體。

👁 什麼是半導體？

半導體是導電能力介於金屬導體和絕緣體之間的材料，通常由週期表第4族鄰近的元素組成，常見典型的代表，如矽、鍺，或第3族和第5族元素組成的砷化鎵等。矽與鍺的半導體，晶體結構與鑽石相同，每個原子以共價鍵和4個相鄰的原子連在一起。由於沒有多餘可協助導電的價電子，所以純半導體在絕對零度時，幾乎不

導電，但隨著溫度升高或摻入微量雜質時，部分電子會因熱能激發而游離，或改變半導體的內部結構，因而大幅地提升它們的導電能力。利用這種摻雜（doping）的特殊性質，可設計各類電子元件。

　　利用半導體材料，可製成**二極體**和**電晶體**；二極體具有把交流電改為直流電的整流能力；電晶體則具有放大交流電訊號的能力。二極體和電晶體的體積非常小，可使電子產品微型化。

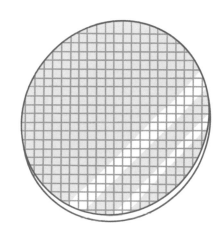

積體電路可大量生產，在大晶圓上的所有小晶片都是同時製出，結構和性能完全相同。

👁 半導體的簡史

　　1947 年，科學家巴丁、布拉頓及夏克萊，以半導體做出電晶體，這是電腦裡最主要的元件，揮別了先前的真空管電路時代，也許可說是電子工業革命的濫觴。

　　1958 年後，科學家繼續發展電子電路的技術，在邊長數毫米、薄如紙的晶片上，依照設計的電路，一層一層地長出所需的電晶體、二極體等電子零件。晶片上蝕刻的寬度，可小於 1 微米，也就是 100 萬分之 1 公尺。電子零件之間的接線，則是利用蒸鍍的技術，直接將金屬導線鍍在需要的位置。

　　利用蒸鍍技術，可以在一個晶片內容納上百萬個電晶體，並且

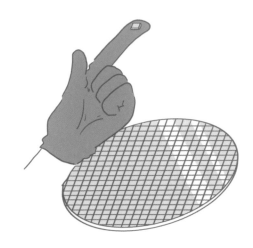

將晶圓切割後的
小晶片,邊長大
小僅數毫米。

大量生產,降低成本。在一塊大面積的**晶圓(wafer)**,同時製成許
多結構和性能完全相同的小晶片。每一小晶片就是一個完整的電
路,稱為**積體電路**,簡稱IC。

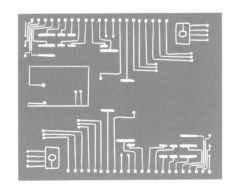

小晶片放大3000倍
後的一小部分電路。

　　以同樣性能的電路而言,積體電路和1940年代真空管、1950
年代的電晶體比較,積體電路比前兩者體積小得多,耗電量更低,
性能更穩定。若採用60年前的電子真空管製造個人電腦,則其體積
須占用一整間教室,消耗的電力更可觀。積體電路則引領電子產品

如數位相機、筆記型電腦等產品走向「輕、薄、短、小、美」的趨勢，體現了「科技始終來自於人性」。

裝上接腳和外殼後
的積體電路外形。

半導體的進階說明

　　半導體材料的特殊性質，是摻雜或加入微量的雜質原子，如此可大幅提升材料的導電性。

　　摻雜原子的價電子數，通常和矽原子不同。例如，第5族元素砷的原子有5個價電子，比矽原子多出1個，因此以1個砷原子取代矽原子，就相當於多加1個自由電子，稱為n型摻雜。若以第3族元素的原子，例如鎵，只有3個價電子，所以每加1個雜質原子就相當於拿走1個電子，如同多1個空缺，稱為電洞，此為p型摻雜。

　　搭配這兩種摻雜，可做出二極體（diode）、電晶體（transistor）等元件，並且可組合各種功能的電子裝置，例如發光二極體（light-emitting diode），簡稱 LED，普遍用於儀器的顯示燈。

　　1990年，科學家中村修二有了重要突破，他首先以氮化鎵研發出藍光LED，結合紅光和綠光，成為照明用的白光。與一般白熾燈泡比較，LED更省電，壽命長，取代了傳統照明，成為人類照明設備的主力，並廣泛用於交通號誌、汽車方向燈等。中村修二後來以「藍光LED」主題，獲得2014年諾貝爾物理學獎，被媒體尊稱為「藍光之父」。

07 紅外線熱像儀 是怎樣測量體溫的？

時事話題

NEWS | 根據世界衛生組織發布的報告，發燒是新冠肺炎的症狀之一，為了防疫，許多大型場所、交通場站都採用體溫監控儀器，如紅外線熱像儀或額溫槍，以快速篩檢出發燒患者，降低病毒群聚感染的風險。

　　紅外線熱像儀或額溫槍都是利用人體發出的紅外線熱輻射來判斷體溫，但人體怎麼會發出紅外線呢？

☀ 物體溫度不同，熱輻射也不同

　　當物體的溫度與環境的溫度不同時，物體和環境之間「傳遞的能量」，稱為熱。 高溫的物體會向低溫的物體傳遞熱，傳遞的方法有3種，分別是 **對流**、**傳導** 和 **輻射**。其中的輻射是指由電磁波傳遞的熱輻射。

　　任何物體只要溫度高於「絕對零度」（−273℃）都會輻射能量，發出電磁波，這是熱輻射現象。物體的溫度不同，發出的熱輻射也不同。人體體溫大約在攝氏37度，人體發出的熱輻射主要是肉眼看不到的紅外線；太陽表面溫度高達約攝氏6000度，而它所發出的熱輻射一部分是我們肉眼可見的陽光。

☀ 紅外線感溫會篩選體溫高者

發燒的人，體溫比較高，所以發出的紅外線就與正常體溫的人發出的紅外線稍微不同。紅外線熱像儀和額溫槍都是利用內部精密的電子裝置偵測出**人體熱輻射些微的差距**，從這些數據進而換算出人體的體溫。

紅外線熱像儀比額溫槍更複雜，能夠偵測人體或周遭環境各部分發出的紅外線輻射，再換算出各部分表面的溫度。之後，轉換成電腦螢幕顯示器上人體與周遭環境的溫度分布，不僅能夠觀察熱圖像，還能識別和分析發熱區域。

額溫槍利用內部的電子裝置，偵測人體熱輻射些微的差距，並從數據換算體溫。

☀ 電磁波能不靠介質傳遞能量

由於電磁波的傳播速率是**光速**，不需要靠介質就可傳遞能量。因此，紅外線熱像儀和額溫槍這兩項儀器量測體溫時便可不必接觸人體，而且操作時間短，也就成了炙手可熱的快篩儀器。

紅外線熱像儀最初應用於檢測電器設備或配電系統的安全，對象如配電線、馬達、變壓器等，透過紅外線熱成像幫忙檢查電器設備潛在性危險，避免發生火災憾事；後來也應用在戰場上的夜視裝備。

物理小教室

電磁波為何能在真空中傳播?

　　物體表面會以電磁波的形式釋放能量(即熱輻射),而電磁波竟然不需要介質就能傳播,為什麼?

　　根據科學家法拉第、馬克士威等人提出的理論,隨時間變化的磁場可產生電場,隨時間變化的電場也可產生磁場,如此交互感應而產生電場、磁場,在空間規則性變化,於是電磁波就可以在空間中不依靠如空氣等的媒介,而以光速前進。

馬克士威方程式

電磁感應為什麼會產生感應電流？由於磁場變化時會產生感應電場（induced electric field），而感應電場推動電荷形成感應電流。電流的磁效應及電磁感應顯示電與磁不可分割，我們把電場與磁場稱為電磁場（electromagnetic field）。

數學能力強的物理學家馬克士威在1864年統整研究成果，將電磁場遵循的定律彙整成一組馬克士威方程式（Maxwell's equations），以定量的方式描述電磁現象。

馬克士威方程式共4條，其物理意義簡要說明如下：

1. 高斯定律：電荷會產生電場。
2. 高斯磁定律：不存在單獨N極或S極的磁性物質，也就是沒有磁單極。
3. 法拉第電磁感應定律：變動的磁場會產生感應電場。
4. 馬克士威－安培定律：電流會產生磁場，變動的電場也會產生感應磁場。

依據馬克士威方程式，變動的磁場會產生感應電場，而變動的電場也會感應磁場。馬克士威推導方程式而預測電磁波存在：交互感應產生的電場和磁場，會以波的形式在空間中傳播。

電磁波在真空中就能傳播，不需要依靠介質，因此電磁波不屬於力學波；因為其電場及磁場的振盪方向與波行進方向互相垂直，具有偏振特性，故電磁波歸類為橫波。

08 生活中處處可見的 「熱」現象

時事話題

NEWS｜一則新聞提到，一戶人家邀親友到家裡品茶論茗、敘舊聊新，然而竟發生一旁落地窗整片爆裂的悲劇。記者報導，當時是冬天，門窗緊閉，屋內溫度高，屋外溫度低，熱量從高溫傳導至低溫，而這片落地窗玻璃製造時結構可能不均勻，因此造成玻璃熱傳導不一，才出現驚險的爆裂畫面。

另一則新聞是，一群年輕學子在溪邊聯誼烤肉，用來支撐架網的石頭突然爆裂噴飛，「石頭與木炭齊飛，碎片共肉片一色」，幾個人因閃避不及而灼傷。

再一則新聞是美國亞利桑那州的小型客機，在高溫天氣無法正常起降飛行，媒體分析是空氣熱膨脹後無法提供飛機足夠的上升力，並以類似原理說明酷暑的極端高溫導致熱浪、乾旱事件或引發鐵軌膨脹而造成火車出軌的事故。

上述這些新聞報導與分析，皆涉及了熱與溫度的概念，主要談的是熱傳播和熱膨脹，而這正是我們生活中處處可見的現象，因此本篇將詳細解說。

👁 什麼是溫度和熱？

熱與溫度是我們日常生活中耳熟能詳的名詞，我們也知道冷熱不同的物體互相接觸時，熱的會變冷，冷的會變熱。依據物理學觀

點，當冷熱兩物體接觸一段時間後，冷熱程度會趨於一致，達成熱平衡，在熱平衡狀態的物體，具有相同的溫度。

熱，在物理學發展史是個重要的主題，現代文明與熱學的發展可說息息相關。工業革命期間，科學家為改善蒸汽機和引擎的效率，仔細探討與熱有關的現象，研究的成果後來也改善人類的生活，不過正如大家也知道的，同時也引發全球暖化的問題。

科學家焦耳的實驗曾說明「**熱是能量的一種形式**」，熱的流動，就是能量的轉移，具體說，是熱能的轉移。在熱流動的過程中，轉移的是能量，不是物質。以微觀的看法來說，就是熱能肇因於原子的動能，物質裡的原子振動得愈激烈，動能愈大，此物質也就愈熱，溫度愈高。

熱能的應用方面，像是對冷熱能產生明顯反應的材料，皆適合作為溫度計。例如水銀受熱容易膨脹，可以做成水銀溫度計；鉑的電阻容易受溫度影響，適合做成電阻溫度計。透過溫度計以量測物體或環境的溫度，這提供我們判斷物體內部細微的狀況，例如身體或環境的狀況變化。

此外，對於不同的材質，例如金、銀、銅、鐵、鋁、水、木頭、玻璃等，專有名詞「**比熱**」是這些物質的基本特性之一，且只與物體的材質有關，而與質量無關。然而，對材質相同但質量不同的兩物體而言，要產生相同的溫度差異，就需要的熱與其質量有關，嚴謹地說是成正比。

例如有一種高分子凝膠，比熱比水大很多，就很適合做成冰袋。由於它的比熱很大，要改變它的溫度，需要大量的熱流進或流出。因此要讓這種冰袋在冰箱裡結凍，需要花費較長的時間。相對的，將這種結凍後的冰袋放在野餐桶裡，就能提供比冰塊更持久的效果，讓桶裡的飲料一整天都能保持冰涼。

👁 金屬鐵條受熱後，長度會如何改變？

　　一般的物質，不論是固態、液態或氣態，受熱後體積都會膨脹，溫度降低則收縮，這就是我們琅琅上口的「**熱漲冷縮**」。然而也有特殊案例，就是水結成冰塊後，體積反而會膨脹，而且在質量不變的情況下，由於密度降低，所以冰塊會浮在水面上。

　　接著再舉金屬鐵條受熱後，長度會如何改變的例子。**金屬鐵條的長度會因溫度升高而略微增長**。依據實驗分析，長度的變化量，會隨溫度增加量而變大，嚴謹說是成正比；此外，原來的鐵條長度愈長，長度改變量也會愈多。例如，同樣升高溫度1度，原來長度2公尺的鐵條的伸長量，是原長1公尺的2倍。因此鐵條長度的變化量除了與溫度變化量成正比外，還與鐵條原來的長度成正比，這好比在銀行的存款利息，和本金與利率有關，本金愈多，定期存款的利息愈多，而利率愈高，利息也愈多。

只討論線膨脹，
金屬鐵條的長度
會因溫度升高而
略微增長。

　　關於物質的熱膨脹，還可以介紹一個專有名詞「**膨脹係數**」。其中有關長度變化的線膨脹係數，其數值與金屬的材質有關，可以更具體地量化直線、彎曲或纏捲的細線，因受熱而使長度改變的量。例如，根據金屬的線膨脹係數，可以估算火車的鋼軌如果在10℃時，為30公尺長，那麼鋼軌溫度為80℃時會伸長多少？答案

是大約2公分。因此，鋼軌之間如果沒有預留足夠的空隙，在炎炎夏日的酷熱環境下，就容易造成軌道擠壓變形的危機。一般橋樑結構都會預留接縫，以免大熱天時因熱膨脹造成變形，也是這個道理。

或許讀者會問：「高鐵的鐵軌也要預留空隙嗎？」這是好問題。高鐵的鐵軌無法預留空隙，主因是預留空隙會使高速行進的車廂因振動而有危險，因此必須用熱膨脹係數極小的特殊合金。除了高鐵外，有些設備也需要熱膨脹係數很小的合金，例如非常傳統的舊式老掛鐘、工程師常用的鋼捲尺，這類合金大抵是由36％的鎳與64％的鐵組成鐵鎳合金，其線膨脹係數就非常小。

關於膨脹係數有個有趣的應用，就是一種特殊的溫度計。原理是，結合兩片熱膨脹係數不同的金屬，受熱後，因兩片金屬的伸長量不同，會造成彎折；溫度愈高，彎折程度愈大，利用這種特性就能研發出雙金屬片溫度計，雙金屬片受熱時，金屬片的彎折造成指針扭轉，因此可以直接顯示溫度。

前述新聞還曾提到，拿結構不均勻的石頭當作烤肉架，可能造成熱傳導能力不一致、熱膨脹程度不相同，導致石頭內部的分子步調不一致而容易分裂而爆炸。不過像是市面上的「石頭火鍋」或原住民採用的「石板烤肉」，其所用的石材硬度較佳，而且結構單純，所以熱傳導能力均勻，比較不會有爆裂的問題。讀者要烤肉時，記得還是要採用合格的烤肉架，確保安全才是。

👁 熱氣球升空的原理

如果讀者曾到臺東或土耳其欣賞熱氣球飛行，或許腦海會出現詩人徐志摩的一句話：「數大便是美。」同樣類似的畫面，也可以在新北市的平溪看到，當抬頭仰望眾多的天燈冉冉飄升，無以莫名的感動油然而生，你會忍不住吶喊「好壯觀、好漂亮」！

相傳天燈的由來與三國時代的諸葛亮有關，諸葛亮以其頂上的帽子為型，製作天燈，暗地傳遞軍情，因此天燈又被稱為「孔明燈」。西方的熱氣球則肇始於法國，比天燈大約晚1500年，據說搭上第一班熱氣球的乘客是雞、鴨與羊。

能夠想出天燈與熱氣球的點子，確實不容易，顯然具有熱傳播的對流概念，才能這樣創意思考。天燈與熱氣球的結構類似，都有熱源與氣囊，熱氣球則多一個載送人、貨品的車廂或載物籃。平溪的小型天燈，大抵以宣紙製作氣囊，以金紙、煤油為燃料。土耳其的大型熱氣球，則以降落傘布料製作氣囊，而瓦斯為熱力來源。

熱氣球的飛行原理應用了「**熱空氣比冷空氣輕**」的熱對流與浮力概念。當加熱器加熱氣囊中的空氣時，內、外氣體受熱膨脹，體積變大，因空氣密度差異而形成對流作用，造成向上的浮力，將熱氣球向上加速推升。以體積為10萬立方英尺，相當2830立方公尺的氣囊為例，當外部與內部空氣的溫度為攝氏20度與攝氏120度時，溫度差異造成密度差異，其上升的浮力可形成大約900公斤重或800多牛頓的推力，此向上的升力不容小覷。

熱氣球是應用受熱膨脹，「熱空氣比冷空氣輕」的原理來升空。

　　至於開頭提到的另一則新聞，有關美國亞利桑那州的小型客機在高溫天氣無法正常飛行的狀況，為何媒體會說空氣熱膨脹而無法提供飛機足夠的上升力呢？主要是因為，飛機在空中飛行，起飛時需要在軌道加速，升空後有一定的角度（攻角），以及與足夠的空氣交互作用，產生壓力差異和受力面積共同促成的上升力。若是空氣因受熱膨脹而密度變小，飛機機體與空氣的交互作用變弱，尤其是小飛機的受力面積較小，飛機飛行的升力就會不足，也就無法順利飛行了。

物理小教室 〉 熱傳導的進階說明

　　熱從溫度高傳到溫度低，從一系統傳到另一系統的現象，稱為熱傳播，大致分成3種模式，熱傳導（thermal conduction）、熱對流與熱輻射。熱傳導是固體傳熱的主要方式，在不流動的液體中層層傳遞。

　　熱傳導是由物質中大量的分子熱運動而互相撞擊，使淨熱量從物體的高溫處傳至低溫處，或由高溫物體傳給低溫物體。在固體中，熱傳導的微觀過程是：在溫度高的部分，固體的微粒振動動能較大。在低溫部分，微粒振動動能較小。因微粒的振動交互作用，所以在固體內部，熱由動能大的部分傳導至動能小的部分。固體中熱的傳導，就是能量的轉移。

　　在導體中，大量的自由電子不停地無規則熱運動。一般固體振動的能量較小，自由電子在金屬晶體中對熱的傳導起主要作用。一般的電導體也是熱的良導體。

　　氣體分子之間的間距比較大，從微觀角度而言，氣體依靠分子的無規則熱運動，以及分子間的碰撞，在氣體內部轉移能量，形成巨觀的熱傳播。

　　物理學用熱傳導係數（heat transfer coefficient）描述熱傳導的能力。熱傳導係數大的材料，表示傳導熱量的能力佳。

　　物體或系統內外的溫度差異則是熱傳導的必要條件。熱傳導速率與物體內外的溫度差異有關。

PART 4
量子科技與近代物理學

量子電腦很厲害嗎？跟一般通用電
腦有什麼差別？人類真的可以穿牆
嗎？「薛丁格的貓」為什麼可以既
是死的又是活的？本章以量子力學
為題，並舉一些生活實例，為大家
揭開這門神祕的學科！

01 量子力學 如何誕生？

NEWS｜每年 12 月 14 日，科學新聞幾乎都會報導這一天是「量子理論誕生日」。為什麼呢？1900 年的這一天，德國柏林大學教授普朗克，在德國柏林的物理學會發表論文《論正常光譜的能量分布定律的理論》，提出著名的「普朗克公式」，闡述能量不連續或能量量子化概念，開啟量子物理學的大門，他的理論對近代物理學的發展影響深遠。

☀ 從古典物理到近代物理的發展

物理學家認為，組成原子的質子、中子及電子「是一顆一顆的粒子，並且可用力學分析和描述這些質點在空間中的位置、運動速度和動能」。然而，科學家思考，既然中子和電子是一顆顆的粒子，那麼，光是否也是粒子呢？

談光具有粒子性之前，先溫習 Part 3 講過的光的波動性和光的「**雙狹縫干涉實驗**」。光的雙狹縫干涉實驗是英國物理學家楊氏（Thomas Young）的代表作，他於 1803 年在英國皇家學會發表研究：把光束射向一張紙卡上劃出的兩道狹縫，穿過狹縫的光線會在屏幕形成明暗相間的條紋圖案；好比在池塘丟下兩顆小石子，在水

面激起的漣漪向外擴散，彼此交會所形成的干涉現象。

以楊氏所處的時代，實驗設備無法與現在的實驗器材相提並論，用當時有限的器材做雙狹縫干涉實驗，一般需經過同一狹縫後的兩條光線，特殊處理後形成重要特性的「同調」光，意思是指光經過一狹縫後，依據「惠更斯原理」的波動概念，波前的任一點光源都可形成新波源，通過雙狹縫的兩條光線視為兩新光源，它們的「步調」一致，波峰與波峰同時到達同一點，稱為相位相同，或波峰與波谷同時到達同一位置，相位不同但相位差固定，在同一位置互相疊加後，產生建設性相長干涉或破壞性相消干涉現象，在屏幕上形成亮暗紋。

楊氏雙狹縫干涉實驗說明通過狹縫的兩條光線互相疊加，產生相長或相消，闡明光具有波動的特性。光的波動性質與牛頓早期認為光是微粒，概念截然不同。

之後，數學能力特別強的馬克士威，統整庫侖定律、安培定律、法拉第定律及個人的創見，提出著名的馬克士威電磁理論，推論光是一種電磁波，並得到光速理論值。

🔆 能量量子化的創新觀念

然而，年代接近1900，科學家又遇到新問題，熱輻射掀起討論議題，如何解釋黑體輻射？又該如何詮釋光電效應？光具有波動性質，波的振幅或光的強度概念，還是無法解釋光電效應，因此必須要有創新的概念。

1900年，德國物理學家普朗克提出「能量不連續」的「量子論」，以「能量量子化」的創新觀念解決當時面臨的「紫外災變」和「黑體輻射」問題。在微觀的物理世界裡，一部分物理量只具有某種最小的基本數值，與此物理量相關的基本數值，稱為此物理量的**量子（quantum）**，在微觀尺度內，科學家發現愈來愈多的物理

量有量子化的現象，例如電荷量的量子化、氫原子模型的角動量量子化等。

　　普朗克的論文是近代物理的第一篇論文，發表日期是1900年12月14日，因此也被世界認為是古典物理與近代物理的分界日。 普朗克的能量量子化概念，開啟近代物理學的大門，可謂量子力學的濫觴。

德國物理學家普朗克，提出「能量量子化」的創新觀念，解決黑體輻射問題。

　　普朗克提出「能量量子化」嶄新獨特的概念之後，1905年，愛因斯坦延伸「能量量子化」的想法，提出「光量子」的概念，詮釋雷納的光電效應實驗。他認為，光在空間中傳播，雖可產生干涉與繞射現象的波動性，但在與物質交互作用時，則是由一顆一顆的能量顆粒組成，以粒子交換能量，並且僅局限在微小的點上，並非如波的行為散布在整個空間中。**每一顆能量顆粒為一光量子（light quantum），被稱為光子（photon）。** 愛因斯坦因為探討微觀尺度內，光與原子交互作用時的光量子行為，闡述基本粒子的量子化特性，發展出描述光特性的光量子論（quantum theory），成功解釋光電效應現象，榮獲1921年的諾貝爾物理學獎。

　　後來，密立坎閱讀愛因斯坦的光量子理論後，也設計光電效應實驗，並證實愛因斯坦的光量子論，成為光量子論重要的實證。光量子論後來能受到廣泛的認同，康普頓也居功厥偉，他的團隊在

1923 年研究 X 射線和電子的碰撞現象，稱為康普頓散射實驗，證實光具有粒子的性質。

☀ 物質波與波粒二象性

1924 年，法國物理學家德布羅意（Louis de Broglie）受到愛因斯坦對光子想法的啟發，提出劃時代的創見，解決當時拉塞福原子模型的某些疑點。他思考光的波動性與粒子性，依據自然界應該具有和諧的對稱性，如果光波可以有粒子的特性，一般物質是否也具有波動性？儘管缺少實驗的證據，德布羅意仍在近 27 頁言簡意賅的博士論文中，提出別出心裁的想法：運動中的任何物質，除了有粒子的特性外，還伴隨波動的性質，稱為**物質波（matter wave）**。若已確知物質的質量與速率，則可決定其物質波的波長。

以「想像力比知識重要」勉勵後輩的愛因斯坦，閱讀德布羅意的物質波論文後表示：「他掀起巨大面紗的一角。」指的就是量子論的面紗。當時已是學術界巨擘的愛因斯坦，在後來的發表論文中也引用德布羅意的論文，強調物質波的重要，引起更多物理學家關注物質波。

物質波理論問世後，實驗物理學家做電子的雙狹縫干涉和單狹縫繞射實驗，被讚譽為美麗的物理實驗。

小湯姆森和戴維生一革末，觀測到電子繞射現象，證實物質的波動性質，確認電子具有**「波粒二象性」**（wave-particle duality）。波粒二象性的意思是，**微觀粒子如電子、光子，有時會呈現波動性，這時粒子性較不明顯；有時又呈現粒子性，此時波動性較不明顯**。粒子在不同的條件下，分別表現出波動或粒子的性質，就稱為波粒二象性。波動性質具有的波長與頻率，表示波在空間與時間具有延伸性；粒子性質則代表可清楚觀測物質在空間與時間的明確位置與狀態的局限性。不論日常生活用語或物理學中的術語，迄今尚

未出現一適當的概念名詞，可正確、完整地描述光或電子的性質，所以我們通常會說：光和電子具有波粒二象性。

👁 薛丁格和「薛丁格的貓」

奧地利的物理學家薛丁格最初閱讀愛因斯坦和德布羅意的論文後，也注意到物質波的概念，並進而闡釋發展成波動力學，促成量子力學誕生。薛丁格的波動力學是後來量子力學的具體論述之一，薛丁格波動方程式更是量子力學最重要的方程式之一，也是現代人研究發展量子電腦的重要思維。

繼續討論薛丁格的想法前，容我「插播」兩種說法，一種是「**哥本哈根詮釋**」，一種是「**愛因斯坦悖論**」。

前面提到電子的雙狹縫干涉實驗，說明在微觀世界的電子具有波動性。在電子的雙狹縫干涉實驗中，為何被觀測到的電子只有在屏幕的一點留下痕跡呢？照理說，在屏幕的任意地方都能發現電子的蹤跡。然而，當我們「觀測」到屏幕的一「質點」的電子的瞬間，電子的波函數立即「塌縮」。物理學家解釋這是因為電子的波函數與發現機率有關，亦即觀測電子時，電子波會縮小分布範圍，呈現電子的粒子形式。活躍於哥本哈根的波耳等人認同這種融合「波函數塌縮」和「機率詮釋」的想法，因此成為「哥本哈根詮釋」。至於「電子波為何會塌縮？」是一個未解之謎。

自然界真的受到機率的支配嗎？真的大哉問啊！

愛因斯坦儘管預言光子存在，提出光量子論，但他強烈反駁「機率論」的觀點。對於哥本哈根學派的「機率詮釋」和「波的塌縮」，愛因斯坦以「**上帝不玩擲骰子的遊戲**」批判哥本哈根詮釋，完全不能接受哥本哈根學派主張「**決定一切事物的上帝竟然會依照擲出骰子出現的點數決定電子的位置**」。

愛因斯坦也指摘「**幽靈般的超距作用**」。他認為未來已經確

定，反駁「自然界曖昧不明」的不確定性，進一步指出「自然界並非曖昧不明，而是量子論還不完備，無法正確闡述自然界的緣故」。以上所提，是量子力學發展歷程的觀點論戰的故事，包含1935年，愛因斯坦和共同研究者波多斯基（Boris Podolsky）、羅森（Nathan Rosen）聯合發表觸及量子論矛盾的「EPR悖論」（Einstein-Podolsky-Rosen paradox）。

迄今，我們已經知道微觀世界，電子等粒子會自己旋轉，具有「自旋」的物理量，或直接用專業術語「自旋角動量」，自旋的方向依據量子論會以多個狀態同時存在，並存或疊合。愛因斯坦等人認為，對於相距非常遙遠的電子，不可能無時間限制，瞬時互相影響；根據狹義相對論的說法，沒有任何物體的飛行速度比光速還快。觀測相距遙遠的兩粒子之一，竟然會在瞬間同時決定兩者的狀態，這樣特殊奇妙的現象，愛因斯坦稱之為「幽靈鬼魅般的超距作用」。

薛丁格曾以「量子糾纏」解釋愛因斯坦論文中的悖論現象，指出互相遠離的粒子的性質，並非各自獨立，而是成組決定，無法個別決定，這個現象是2022年諾貝爾物理學獎得獎主題的「量子糾纏」。如果能這樣思考，那麼就不會認為粒子是瞬間傳送並影響到遠方粒子，有如「幽靈般的超距作用」。

談到量子力學，「薛丁格的貓」此知名想像實驗必定會浮現在讀者的腦海中吧？此實驗探討一隻貓的狀態究竟是活或死的，而實驗結果是：**貓同時是活和死的「疊加」**。如果以古典物理學來思考，會顯得極其荒謬；但若以微觀世界視之，這項理論其實符合電子波粒二象性的機率概念。

根據1927年量子力學學派的詮釋，觀察一個量子物體時，會干擾其狀態，造成其立即從量子本質轉變成傳統物理現實。原子及次原子粒子的性質，在量測之前並非固定不變，而是許多互斥性質

的「疊加」。此觀念的知名例子就是「薛丁格的貓」實驗。在這個想像的實驗中，一隻貓被鎖在一個箱子中，並有一個毒氣瓶，在量子粒子處於某狀態下毒氣瓶會破裂，但若該粒子處於另一狀態，則毒氣瓶會完好無損。如果將箱子封閉，此粒子的量子狀態是兩種狀態「共存」的情況，也就是說，毒氣既是已從瓶中放出，又被封存在瓶中，也因此，箱中的貓同時既是活的也是死的。當箱子打開時，由於此量子疊加狀態瓦解了，因此在那瞬間，這隻貓或許被毒死，或許得以保命。

量子力學知名的想像實驗「薛丁格的貓」。

物理小教室 > 索爾維會議

　　量子力學是近代物理學的重要基石，與相對論被認為是近代物理學的兩大基本支柱，許多物理學理論和科學，如原子物理學、固態物理學、核物理學和粒子物理學，都以其為基礎。物理學界往往會在物理重要會議激盪出重要的論述，例如 1927 年第 5 次索爾維會議，此次會議主題為「電子和光子」，當時世上最重要的物理學家，都聚集在一起討論新的量子理論。

1927 年第 5 次索爾維會議，此次會議主題為「電子和光子」。

02 量子電腦與通用電腦差在哪裡？

時事話題

NEWS｜2022年3月下旬，媒體報導「量子國家隊」成軍，各項任務的團隊底定，皆聚焦在未來量子世代的臺灣產業鏈。國家隊初步將由國科會、經濟部、中研院與教育部共同組成，策略上有三大箭：先打破部會藩籬，建立共同研究平台；打造量子研究基地；建立國際合作引入國外技術與人才。量子科技被視為下一個世代最重要的發展技術，全球各國無不投入資源，希望能取得先機，掌握話語權。我們的政府預計5年投入新臺幣80億元的經費，讓臺灣能夠在半導體之後，持續在量子世代扮演關鍵角色。

👁 什麼是「量子電腦」？

如前面章節所述，量子（quantum）不是描述物體，而是微觀世界的一種現象，描述光子或電子的「狀態」。因為中文翻譯量「子」，一般直覺理解「子」是一個真正的粒子或可觀察到的物體，但其實是**指微觀世界中具有最小單位的「不連續」現象**。一般不熟悉物理學科或所學不是與物理領域相關的讀者，對「不連續變化的量子現象」會感到困惑，若使用這樣的比喻，也許可以幫助讀者「略懂」量子的概念。

到市場或大賣場購物，任何商品計價皆以「元」為單位，這是

不連續的數位變化，絕對不出現具有小數點的「元」；想買米，是以「包」為單位，可以買1包米、2包米、3包米，但絕不賣1.5包、2.5包米，都是買整數包的米，不會有小數點。這樣的「整數」如同量子世界不連續現象，應是較容易懂的類比。

在傳統或古典世界中，各種物理現象皆是連續變化，例如我們測量的重量、身高、溫度等；古典的物理世界與現今的量子世界，差異性如同無障礙的斜坡與樓梯的階梯，斜坡是連續，行人可以停在斜坡的任一高度處，但樓梯卻是一階一階，依數學語言是「離散」，能停留的高度只能是階梯的整數倍，不能停在3.5階、8.5階等。

略懂量子的概念後，主題回到電腦。

古典電腦在運算快速數位序列後，得到確定結果0或1的序列，其位元是在0或1的狀態，好比一盞燈泡僅有開啟或關閉狀態，不會出現同時開且關的情況，每一個位元只能儲存一特定資訊。前面提及，古典物理世界中的各種現象是連續變化，一般通用電腦中是無數個離散的0或1，用數位的通用電腦描述連續變化的古典世界，會出現不能相容的問題。

量子世界是不連續，以量子位元應用在電腦運算，可以解決量子世界中的問題。知名物理學家理查費曼曾提出關於量子電腦的洞見，他認為用二進位的通用電腦無法模擬宇宙的行為，如果想模擬自然，最好成為量子力學，雖然這並不容易。費曼這項前瞻的見解，是在1981年有感而發，因此一般認為1981年是量子電腦元年。

此外，在量子計算中，量子位元所處的狀態在測量前並無明確數值，可以儲存更多資訊，**「量子疊加」（quantum superposition）能使量子位元的兩個狀態皆以機率存在**，這是通用電腦無法達成的功能。在量子的世界中，電子神出鬼沒，即使此路不通，無法通電，電子也可能「穿隧」至另一端。此特性也可以應用在電腦的運算。

　　量子電腦，依定義是「**使用量子力學特有的物理狀態實現高速計算的電腦**」。量子力學是近代物理學非常重要的領域，它為了說明電子等非常小的粒子在運動時的特殊狀態，甚至驗證出光子在微觀世界也會出現不可思議的現象。此不可思議的現象涉及量子力學特有的物理狀態，如「量子疊加態」和「量子糾纏態」等。若使用這種量子力學特有的物理狀態來研發電腦，就會具有強大快速的量子計算能力。

　　為什麼要發展量子電腦？主要就是能**突破一般通用電腦的局限，解決大量運算的窘境**，例如：通用電腦解決相當龐大繁複的資料時，需要花費天文數字的冗長時間，此時若能善用量子電腦，處理複雜的數據和運算，可能幾秒鐘就呈現成果，甚至解出金融與國防機密的密碼。

　　量子電腦是一種遵循量子力學規律，而能運用數學和邏輯運算、儲存及處理量子資訊的裝置。早期的量子電腦，實際上是用量子力學語言描述的通用電腦，並沒有用到量子力學的本質特性，如量子態的疊加性。

高速計算的「量子電腦」使用量子力學特有的量子態疊加。

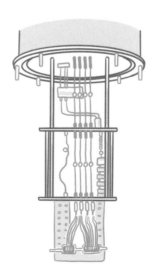

☀ 量子電腦與通用電腦的差異

　　如同前述，說明量子電腦的基礎概念後，整理量子電腦與通用電腦究竟差異在哪。

　　在電腦程式的世界中，不論多厲害的電腦，都只會數1和0。所有的資料和指令，都必須先編成1組1和0的代碼，電腦才能聽懂並幫我們工作。為什麼會這麼制式呢？因為通用電腦是用電晶體處理資料，電晶體的設計是一種電流開關，不是開就是關，所以用1代表開，用0代表關，我們稱0或1為位元（bit）。

　　通用電腦的位元會改變，但不是0就是1，如同10元硬幣落地，不是正面就是反面。電晶體愈多，位元數就愈多，可以儲存和運算的能力就愈強。例如，1個位元只有1和0這兩種可能；2個位元有2的2次方等於4種可能，也就是00、01、10、11；3個位元有2的3次方，等於8種可能，即000、001、010、100、011、101、110、111。10位元則有2的10次方等於1024種可能。每組位元僅能儲存1組或1筆資料，如果可能性太繁多，資料量太龐大，通用電腦勢必運算到天荒地老。

　　量子電腦與通用電腦最大的不同在於，兩者的基本計量單位不同。通用電腦使用的是位元，是我們熟悉的記憶體單位、資料傳輸速率單位。量子電腦使用的則是**量子位元（qubit）**，這是量子電路計算時的基本計量單位。通用電腦的位元有通電和不通電2種狀態，每個位元輸入不是0就是1；而量子電腦的演算法是量子位元0與1的疊加態，假如硬幣正面是1反面是0，則疊加態指的是硬幣同時處於正面和反面的疊加。只要能成為疊加態，皆可作為量子位元。量子電腦使用能夠同時處理0或1的量子位元運算，正因為這樣，原本使用現有的通用電腦必須耗費漫長時間的運算，將能夠在短時間內處理完畢，而且是處理極為龐大的資料。

　　不過，科學家和工程師還必須克服溫度問題，因為量子電腦必須在不受外在環境干擾的狀態工作，例如攝氏零下200多度的低溫環境。因此量子電腦可能在10年後才能成為人類的好幫手。未來，若量子電腦科技發展成熟，更能應用在安全通訊網路、人工智慧、提升天氣預測精準度、交通路線規畫最佳化、強化科學家太空探索的能力、病毒變異和疫苗研發等醫藥研究，以及防止駭客解密等多個領域。

量子電腦的演算法是量子位元0與1的疊加態。

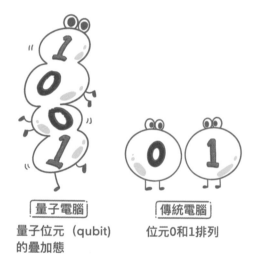

量子電腦
量子位元（qubit）
的疊加態

傳統電腦
位元0和1排列

03 人類真的可以穿牆嗎？

NEWS｜近年來，「量子」成為科技領域最新的關鍵詞或流行語，量子科幻電影也不遑多讓，例如《蟻人與黃蜂女》、《復仇者聯盟4》描述的世界和科技想像，皆連結量子的概念。雖然科幻片吸引人的主因可能不在科學本身，或其採用的科學理論並不見得完全依循嚴謹的科學研究，例如時間旅行、超能力等。但不可否認那些關於科技的想像，已讓觀眾深深著迷，並啟發無限的想像力，而且說不定多年後，可能實現電影的情節。

👁 熱門的量子科幻電影

經典的量子科幻片多，而且無法用古典物理學解釋裡面的部分元素，例如1966年《星艦爭霸戰》（Star Trek），描述艦長寇克與艦員，在23世紀的星際冒險故事，其後又衍生動畫影集和電影。《星際爭霸戰》中，最引人注目的創意之一是傳送器，這是電影裡一種常見的近距離旅行的方式，能將人體或物質分解為量子，並將量子傳送到終點後重新組合。雖然只有在科幻片或魔術表演中可以看到傳送器現象，但傳送的概念與現在的量子遠端傳輸，其實有些異曲同工，只是量子傳輸只能傳送與複製訊息，而非物體本身。其他如1985年的《回到未來》系列影片也可說是跨時空傳送的想像。

2020 年上映，英國與美國合拍的科幻動作片《天能》（Tenet），則是一部融入幾個科學幻想元素的電影。這部電影是大導演諾蘭（Christopher Nolan）的創新燒腦名作，如果沒有一點科學知識，很難一回就看懂整部電影的故事情節。這部影片不僅在網路聲量高，引發熱烈討論，其中隱含的各種劇情，除了科幻片中常見的祖父悖論外，天能不斷地在多重宇宙間往復穿梭，此想法是基於多個量子位元的高維次，在空間中不斷往復式的操作。劇情複雜的程度，甚至連劇中演員也常不知到底在拍什麼，一直到電影剪接完畢才初步了解。

量子力學另一個重要的概念是**量子糾纏**。1990 年的《第六感生死戀》（Ghost）敘述一位被殺的男子，死後心有不甘而化為鬼魂，與女友心電感應，並將謀殺他的幕後兇手繩之於法；2014 年上映、曾經在臺灣取景的法國科幻動作片《露西》（Lucy），主角露西是一個 25 歲的美國女子，居住於臺北市，她意外吸取抑制藥品後，大腦功能快速進化，可以產生心電感應及念力，甚至具有讀心術，可讀取他人記憶。其他科幻片中也常用心電感應，例如《星際爭霸戰》中瓦肯人特有的心電感應能力，能透過觸摸他人臉部達成心靈相通，分享對方的意識、經驗、記憶及知識。

心電感應是指不借助任何已知工具，而能將訊息傳遞給遠方另一個人的現象或能力，常被稱為第六感，至今尚無法以科學證實這種超級本能。有些人喜歡把量子糾纏與心電感應連結在一起，主要是量子糾纏有遠距離的影響，而且一旦量子測量後，就出現相互影響，這些與心電感應的一些基本要素有些相似。然而，量子糾纏是嚴謹的科學，是可以控制而且可以重現的科學現象，這又與心電感應截然不同。不過科幻影片喜歡呈現這種特殊能力，對這類科幻情節的喜好，也反映人類期待的未來世界的輪廓。近期臺灣的導演也有拍攝量子科幻影劇的計畫，例如周美玲導演的《Q18》作品，就

將量子疊加、量子糾纏、量子量測，甚至量子不可複製性都融入劇情中。

☀ 量子穿隧效應

另一部很有意思的電影，是 2018 年上映的《蟻人與黃蜂女》。劇情中，主角「鬼女」愛娃在一場意外後，身體出現量子的變化狀態，竟然可以穿過各種物體！

編劇以身體已成量子狀態，合理化愛娃可穿過任何物體，這是發揮科幻的想像力。但依據量子物理的「波粒二象性」，這其實不可能發生，因為以人類的尺寸的物質波，是無法在巨觀體系中被觀測到。為何這樣說？主要是物質波不是電磁波，也不是光速傳遞，物質波是一種機率分布的概念。若以一顆棒球而言，棒球快速飛行時，對量子世界而言，其質量太大，造成物質波的波長極短，一般的世界無法察覺波的特性，人的身體也是如此。然而，**如果能把一個人分成無數個微粒原子，然後再讓這些原子同時發生量子穿隧效應，當原子穿牆過後，再重新把這些原子組合成人，用這種方式或許可以完成人體穿牆術**。只是這些論述已經超越現在科學知識的理解。但在科幻片中，穿牆術的想像仍是觀眾的最愛。

如前面章節所說，量子是一種近代物理的概念，不是像棒球、乒乓球或電子、質子的粒子，它是用來描述電子或光子的能量特性。一個物理量如果存在最小且不可分割的基本單位，則這個物理量具有最小單元的整數倍關係，稱為量子化，並把最小單位稱為量子。

電子等微觀物質，有時會穿透原本理應無法穿透的障礙物。把障礙物想像成一道牆壁的話，電子應該像棒球一樣被牆壁反彈，可是**在微觀世界，電子具有「波」的特性，可穿越牆壁這個障礙物，以電子波的形式通過牆壁，這就是量子穿隧效應**，而且不是只有電

子才有這種鬼魅幽靈的穿隧能力。但質量愈大的物體，愈不容易發生穿隧效應，所以人類的身體或一顆籃球，雖然穿透牆壁的機率不是零，但與零相去不遠。至於質量極小的基本粒子，穿透牆壁的量子穿隧效應就大得驚人。

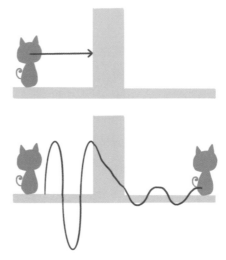

電子具有「波」的特性，可以電子波的形式通過牆壁，這就是量子穿隧效應。

04 量子糾纏究竟怎麼糾纏？

時事話題

NEWS｜備受世人矚目的諾貝爾獎，2022年物理學獎頒給美國的克勞澤（John Clauser）、法國的阿斯佩（Alain Aspect）和奧地利的塞林格（Anton Zeilinger）3位物理學家，表彰他們研發和精進糾纏光子實驗工具、發現「量子糾纏」的真實存在、驗證貝爾不等式的合理性、證明愛因斯坦提出的EPR悖論錯誤，以及引導量子資訊科學的發展與應用等，在物理學上的突破性成果貢獻甚鉅。

👁 關於量子力學的爭論

前面文章已提及量子是一種概念，描述光子或電子的各種物理特性，例如能量。一個物理量如果存在最小且不可分割的基本單位，則這個物理量是量子化。

量子力學的理論，當幾個粒子彼此糾纏後，各個粒子擁有的特性已融合成整體性質，無法分別描述各粒子的原有性質，只能描述整體系統的性質，此狀態稱為量子糾纏，好比「**你泥中有我，我泥中有你**」。量子糾纏時，兩粒子不再是分立個體，形成一個整體狀態，只要整體狀態的任一組成粒子的狀態受到干擾，另外其他組成粒子狀態也會隨之產生對應變化。

量子力學的概念與機率和不確定性有關。依照古典力學，測量

兩粒子的行為是獨立兩件事，彼此不互相影響。1964 年，物理學家貝爾為驗證愛因斯坦質疑量子力學不完備的悖論，提出數學「貝爾不等式」。

量子糾纏和貝爾不等式是物理學界多年的辯論題。這次經由3位物理學家的研究，最終證明愛因斯坦、波多斯基、羅森等3人在1935年提出著名EPR悖論的思維實驗，並非正確。2022年諾貝爾物理學獎的得獎主題背後，故事還很多。這裡先簡要說明在物理學史上，跟得獎主題「量子力學」有關的爭論。

關於量子力學的爭論，如前面章節所述，主要來自以波耳為首的哥本哈根學派，以及愛因斯坦等3人的EPR悖論。哥本哈根學派遵循機率和不確定性觀點；EPR悖論的基本論點則是某區域發生的事件，不可能用超過光速的方式傳遞至其他區域、絕不會出現「鬼魅般的超距作用」；以及主張實驗觀測得到的現象，與觀測方式與動作無關，因此愛因斯坦認為「上帝不會擲骰子」、「月亮的存在與我們是否賞月無關」。但EPR悖論並非質疑量子力學的正確性，只是認為，用兩個糾纏光子來說明量子力學並不完備。

後來，提出「薛丁格的貓」思想實驗的薛丁格也指出量子力學不完備，並提出「量子糾纏」概念，說明兩粒子一旦靠近而相互糾纏後，就失去自己原來的獨特個體性，融合成兩粒子的整體狀態，即使分離至天涯海角，只要維持糾纏狀態，兩粒子的整體特性就不會消失。

量子糾纏純粹是量子效應，因為在古典的物理學世界中並不存在，所以很難理解，也不易被接受。然而，即使愛因斯坦離世，EPR悖論仍在，究竟量子力學完不完備呢？面對1935年提出的懸而未決的EPR悖論，一直到1964年愛爾蘭物理學家貝爾提出數學不等式，提供檢驗量子糾纏的實驗方法，才引發物理學家構思與精進實驗設計和討論，直到2022年獲得諾貝爾獎的肯定，再度掀起

量子力學的熱潮。

👁 2022 年諾貝爾物理學獎得主的貢獻

如何證明悖論正確還是錯誤？如何以「貝爾不等式」佐證量子力學存在？1972 年開始才正式展開糾纏光子實驗。

克勞澤拔頭籌，採用特殊光線照射鈣原子，激發出一對糾纏光子。在激發出的光子的兩側，各設置一面偏振濾光器，藉此量測光子的偏振現象。經過許多的量測實驗後，證明此實驗違反貝爾不等式。克勞澤實驗的糾纏光子對產生頻率太低，且設計距離太近，故無法排除兩光子彼此互相影響的疑慮，卻開啟貝爾不等式實驗先鋒。

阿斯佩進一步改良實驗器材的漏洞，拉大偏振濾光器的距離，使用激發原子的新方法，提高激發後糾纏光子產生頻率，並且在不同的設定區域間隨機切換偏振濾光器的方向，避免實驗時摻雜其他會影響結果的雜訊，讓釋放的光子不影響實驗結果。

塞林格做許多貝爾不等式的實驗，運用更精密的儀器，深入研究量子糾纏實驗。他用雷射光照射特殊的石英，激發出更多成對的糾纏光子，並隨機切換各量測的器材與偏振濾光器。最特殊的是，使用來自遙遠銀河系的訊號控制偏振濾光器，確保絕對的隨機性與訊號不互相干擾。其團隊運用量子糾纏將量子態傳至任意距離，成功演示量子遙傳的通訊現象。

這些物理學家的實驗證實貝爾不等式不成立，也就是愛因斯坦的論點不對，而量子糾纏的確存在。更重要的是可藉此量子糾纏效應，應用於複雜的量子運算，研發量子電腦。量子電腦運用量子力學基本原理，將許多量子位元糾纏在一起，處理大量運算，提高速率和精準度。

以李商隱的詩句「雛鳳清於老鳳聲」描述奧地利的塞林格最貼

美國的克勞澤採用特殊光線照射鈣原子，激發出一對糾纏光子。在激發出的光子的兩側各設置一面偏振濾光器，藉此量測光子的偏振現象。（圖片來源：諾貝爾獎委員會網站）

法國的阿斯佩拉大偏振濾光器的距離，使用激發原子的新方法，提高激發後糾纏光子的產生頻率，並且在不同的設定區域間隨機切換偏振濾光器的方向。（圖片來源：諾貝爾獎委員會網站）

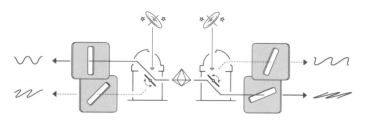

奧地利塞林格用雷射光照射特殊的石英晶體，激發出更多成對的糾纏光子，並利用遙遠銀河系的訊號隨機切換各量測的器材與偏振濾光器。（圖片來源：諾貝爾獎委員會網站）

切了，他的實驗方法可以說青出於藍勝於藍。塞林格做了許多貝爾不等式的實驗，運用更精密的儀器，長期深入研究量子糾纏實驗。他用雷射光照射特殊的石英，激發出成對的糾纏光子，並隨機切換量測的器材與偏振濾光器。最特殊的是，其中一個實驗室使用來自遙遠銀河系的訊號控制偏振濾光器，確保訊號不互相干擾。其團隊運用量子糾纏將量子態傳至任意距離，成功演示量子遙傳的通訊現

象。

　　以上3位物理學家**證實「量子糾纏」的存在**，在物理學史上是一大進展。量子糾纏效應其實也可應用在更複雜的運算，例如研發量子電腦。量子電腦運用量子力學的基本原理，除了可處理大量運算，甚至也能協助天氣預測等。其他像量子加密技術、量子網路，以及量子感測、量子遙傳的量子通訊等，不僅可用來防止被竊聽，也可應用在銀行交易往來和保全軍事的機密等領域。

物理小教室 〉什麼是量子糾纏？

　　如前面章節所說，量子是用來描述光子或電子的能量特性的概念。一個物理量如果存在最小且不可分割的基本單位，則這個物理量是量子化，並把最小單位稱為量子。在量子力學裡，當幾個粒子彼此相互作用後，由於各粒子擁有的特性已綜合成整體性質，因此無法單獨描述各粒子的性質，只能描述整體系統的性質，此現象就是量子糾纏。量子糾纏時，兩個粒子因為不再是分立的個體，而是一個整體狀態，因此只要任一組成的粒子狀態受到干擾，其他組成粒子狀態也會對應變化，就好像是心電感應。

　　也有人以文學語句類比解釋量子糾纏，例如引用〈代父從軍的花木蘭〉：「雄兔腳撲朔，雌兔眼迷離。」或早期巷弄傳唱的「我泥中有你，你泥中有我」，藉此說明量子糾纏的狀態。

兩相距很遠的粒子具有量子
糾纏效應。

05 用奈米科技 幫野柳女王頭護頸

NEWS｜提到北海岸的野柳，相信讀者一定馬上聯想到「女王頭」，對吧？無庸置疑，野柳女王頭絕對是臺灣最具指標的地景之一。然而，因為長期佇立，引頸企盼，風吹雨淋日曬，迎賓待客，經過大自然風化侵蝕，女王頭早已逐年消瘦，「衣帶漸寬終不悔，為伊消得人憔悴」，纖瘦的身軀，甚至出現「斷頸危機」。

　　根據新聞報導，女王頭頸部的周長已從民國95年的144公分，降至120多公分。專家學者判斷，預估10年內，女王頭可能斷頸。為了搶救女王頭，政府延攬專家學者研發奈米科技的藥劑，試圖幫助女王頭「凍齡護頸」，增強岩石強度，抵抗環境的風化侵蝕作用。

☀ 什麼是「奈米」？

　　國外其實很常見以奈米技術來維護古蹟，也就是將奈米藥劑注入古蹟或岩石內，滲入後凝固形成高強度、耐風化的結構。然而，水能載舟也能覆舟，奈米藥劑畢竟與原本岩石的成分不同，日久也可能變質，所以必須透過實驗才能評估是否使用。

　　臺灣大學高分子所的研究團隊，從民國100年起就在野柳的其他蕈狀岩實驗奈米科技，他們發現，3年來蕈狀岩的頸圍周長沒有

明顯縮小的現象，且經奈米科技處理後，抵抗風化的能力增加，甚至已可抵擋17級強風和7級劇震。

　　談到奈米科技，我們自然想到知名物理學家費曼。被尊稱為「奈米科技之父」的他，在學術會議上提及：「如果有朝一日，我們能把大英百科全書全部儲存在一根針頭大小的空間內，並能移動原子，那麼這將會給科學帶來什麼影響？」並認為「在極小的範圍內還有許多發展的空間」，開啟奈米科技的新時代。

　　什麼是「奈米」？奈米是長度的單位，**「奈」指的是10億分之1，奈米是10億分之1公尺，非常小的單位**。「奈米科技」是指研究厚度或長度在100奈米以下的科技領域，目前國內外電腦或手機等，都已是奈米科技領域，產品已呈現輕、薄、短、小、美、快的特色。

專家們以奈米藥劑，幫女王頭「凍齡」，增強岩石強度，抵抗環境的風化侵蝕作用。

👁 奈米科技的應用

　　奈米科技是利用顆粒的奈米化，以及物質在一定條件下會引起特殊物理化學性質的變化，如質量變輕、表面積增大、熱導度或導電性明顯變高等特性，來研發或改良產品。

　　舉例來說，唐代杜秋娘的詩作〈金縷衣〉：「勸君莫惜金縷衣，勸君惜取少年時。花開堪折直須折，莫待無花空折枝。」如果當時

已有奈米科技，那麼金縷衣奈米化後會是如何呢？一般而言，大塊的金，外表是金黃色，延展性佳，導電性也佳，熔點高，大約攝氏1060度，化學性質很安定。然而，如果金經過尺寸的奈米化之後，熔點就會隨之降低。

奈米科技的應用例子很多，像是日本高速公路圍牆表面會塗上二氧化鈦光觸媒的奈米顆粒，除了能分解空氣中造成酸雨的硝化物及硫化物，也能使建材外觀亮麗，又能減少空氣汙染。在歐洲，則將奈米技術應用於古蹟維護，希望歷經幾世紀風吹雨打的大教堂、戶外雕塑、壁畫等藝術品，能減緩被酸雨侵蝕的速率，延長壽命。德國研發新型汽車擋風玻璃，就是以奈米級玻璃顆粒混上塑膠，重量不但減輕，而且能不沾雨絲，不易附著汙垢，省電又環保。

期待「奈米」持續協助女王頭凍齡，以抵抗歲月和自然環境的風化。最後以自創的小詩描述「奈米科技」作結吧：**亙古以來／在廣袤的世界裡／恆常縮小自己／ 成就別人／讓世界更寬廣／感謝人類的迎迓／讓奈米科技在學術殿堂裡／享有國王臨幸般／隆重的禮遇**

PART 5
臺灣天然災害物理學

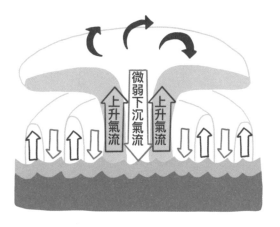

媒體經常報導臺灣各地的地震與颱
風的災情，為什麼臺灣這麼常有地
震和颱風呢？梅雨季、夏季雷陣
雨、冬天的寒流是怎麼形成的？本
章以臺灣最常見的氣候與天然災害
為題，為各位說明這些跟臺灣最有
關的現象背後的原理！

01 臺灣為什麼經常發生地震？

NEWS 臺灣媒體經常會報導各地的地震及其災情，因此地震可以說是談到臺灣的天然災害必然會提到的現象。在古代，人們將地震想像成是「地牛翻身」而造成地動山搖；現代科學家則是發現，「斷層」活動和「板塊」運動，才是發生地震的真正原因。

☀ 位於板塊的交界帶是地震的主因

臺灣位於環太平洋地震帶，也是菲律賓海板塊與歐亞板塊的聚合交界處。依據科學家研究，兩板塊的聚合，是在臺灣東北海域，菲律賓海板塊向北隱沒到歐亞板塊之下；在臺灣南方海域，則是歐亞板塊向東隱沒到菲律賓海板塊之下，因此臺灣成為地震頻繁的島嶼。

在臺灣島現今兩板塊的縫合位置，是花東縱谷，縱谷以西是屬於歐亞板塊，包含中央山脈及其以西部分；縱谷以東是屬菲律賓海板塊，包含海岸山脈及其以東部分。菲律賓海板塊與歐亞板塊的碰撞聚合作用，已歷經數百萬年。科學家指出，依現今觀測數據顯示，菲律賓海板塊相對於歐亞板塊，每年平均以 7 公分的速率向西北方移動，兩板塊持續衝撞擠壓。**持續的板塊聚合運動，造成臺灣地震多，地貌也持續改變。**

　　許多地表的地形和活動，都可以用板塊構造學說解釋成因，透過地震紀錄，可建構臺灣附近的板塊活動樣貌。臺灣平均每年約發生1000餘次有感地震，如此頻繁的地震活動，足以說明臺灣位於板塊的交界帶。

　　有感地震大部分源於斷層活動，地震震源都位在板塊交界附近，而板塊交界區域往往隱藏許多斷層。發生在臺灣的地震，最知名的是民國88年的「921集集大地震」，肇因於名噪一時的「車籠埔斷層」；民國105年的「206南臺大地震」則是「美濃斷層」造成的。

從物理學看地震

當斷層錯動或板塊推擠時，會釋放能量，此能量以波動形式呈現，造成地面震動與地鳴現象。

　　科學家依照地震波傳播性質的差異，將地震波分為**實體波**與**表面波**。可以在地球內部傳遞的地震波，稱為實體波，實體波又細分為速率較快、最先到達測站的P波，以及速率較慢緊跟P波之後到達測站的S波。

　　除了速率差異外，P波的傳播方向與介質振動方向平行，依據物理學波動形式歸類為縱波，可在固態、液態和氣態介質中傳遞；S波的傳播方向與介質振動方向垂直，歸類為橫波，只能在固態介質中傳遞，無法在液態及氣態介質中傳播。

　　當實體波傳達地表時，P波與S波經複雜的折射、反射後，能量沿淺層地層傳遞，形成在地表傳遞的表面波。

「芮氏」規模

　　地震波傳遞斷層釋放的能量，能量高低則決定地震規模（earthquake magnitude）。目前中央氣象局發布地震相關的新聞

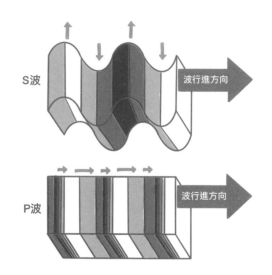

當板塊推擠時，會釋放能量，此能量是以波動形式呈現。縱波形態的P波先到達測站，橫波的S波緊隨在後。

稿資料，採用的地震規模為**芮氏規模**，這是地質學者芮特（C. F. Richter）在1935年提出，以數學對數描述地震波能量，此涉及地震震源和震央的垂直距離等相關因素，因此規模的數字含有小數點，例如規模7.1或5.9等。**地震規模的數字愈大，代表地震釋放的能量愈多**，芮氏規模數值每增加1，釋放能量大約增加32倍。

　　前面提及我們採用的地震規模是芮氏規模，其他國家可能採用不同的規模，因此同一次地震，各國媒體新聞報導的規模數值不一致，主要原因可能是採用不同的地震規模，也可能是校正因素差異，例如臺灣東部在2022年9月18日的地震，我們的新聞媒體報導芮氏規模6.9，但日本氣象廳提供日本媒體資料是規模7.1，原因可能是計算規模數值採用的物理量數據不同。

　　地震強度（earthquake intensity），簡稱**震度，用來描述一地區受到地震的影響程度**。地震強度通常以地震晃動的加速度作為分級定義，用來描述地震發生後，地面震動強弱或建築物被破壞的程度，分成數級，級數愈高，表示地震晃動的加速度愈大，破換程度相對愈強烈，造成的災情也愈重。

　　過去中央氣象局將地震強度分成0到7級，共8級震度，包含「無感」、「輕震」、「強震」、「烈震」等，最高級稱為「劇震」，921集集大地震已達到劇震等級，因為發生建築物倒塌、山崩地裂、鐵軌彎曲、地下管線受到嚴重破壞等狀況。

　　以臺灣常發生的地震而言，中央氣象局採用芮氏規模發布訊息，一次地震，規模數值只有一個，具有小數點；但地震強度會因為地點不同而出現不同等級，是整數級數，不會有小數點。

　　地震規模反映地震震源釋放能量的多寡，也與地震波的振動幅度有關。前面提到，過去中央氣象局的地震震度分成8級，然而5級強震和6級烈震的級距區間較寬，不容易區分災情有何差別。有鑑於科技進步，新建置的地震儀，能增加量測的時間解析度，提升儀器的敏銳度；加諸布建的地震測站更密集，過去的震度分級，偶爾會出現小規模地震但震度高的極端情況。這是因為發生地震瞬間產生很大的加速度，但因只是瞬間，一般較不會造成傷害。因此，為強化地震震度在救災與應變作業的實用性，中央氣象局參考美、日相關作業與國內學者的研究結果，於2019年12月研訂新分級制，並在2020年1月1日實施。

　　依據中央氣象局公布的新制地震震度分級，將原先的震度5級與6級，分別細分為「5弱」、「5強」以及「6弱」、「6強」，從原先的8個級距增加為10個級距，以地動加速度值（PGA）區分為0級、1級、2級、3級、4級、5弱、5強、6弱、6強、7級，共10個等級，使地震震度分級與發生的災害能具有更高的關聯性。

　　住在臺灣，因板塊擠壓，斷層錯動，地震不可免。我們唯一能做的是，抱持未雨綢繆的態度，「好天著愛存雨來糧」，強化建築耐震工程，好好落實防震防災和演練工作。

地震規模的進階說明

　　發生地震時，通常地面震動的程度與地震震源釋放的能量，以及建築物所在地區和地震震源之間的距離有關。地震規模反映地震震源釋放能量的多寡，也與地震波的振動幅度有關。

　　芮氏規模（Richter magnitude，ML）以地震儀記錄到的地震波振幅為基礎。當地震震源釋放能量一定時，距離震源愈遠處，地震波的振幅就愈小；當與震源的距離一定時，則地震波的振幅與震源釋放能量的多寡正相關。地震規模是一個統一的數值，與測站的位置無關。但地震並非都發生在距離測站100公里處，因此在計算地震規模時，必須考量震央與測站的距離。

　　地震規模是以對數為基礎，因此地震規模值增加1.0時，相當於地震振幅大約為原振幅的10倍。目前全世界量測到的最大芮氏規模為1960年智利大地震的8.9。

02 颱風是如何生成的？

時事話題

NEWS｜2022年「造訪」臺灣的颱風極少，與往昔相比，能記得的颱風名字可能是軒嵐諾吧！這裡節錄一段當時新聞的氣象報告：「中央氣象局表示，軒嵐諾颱風目前為強烈颱風，未來一天持續接近琉球，附近有熱帶性低氣壓（TD）形成，亦有形成颱風的趨勢。熱帶性低氣壓與軒嵐諾颱風相互牽制，使颱風呈現往南偏轉現象。」

　　住在臺灣的我們，自然要認識颱風究竟是如何形成，以及一些基本的颱風知識。科學家認為，臺灣的地理環境和地質結構很適合研究颱風和地震，因此稱臺灣不僅是海岸和山稜景緻美麗的寶島，更是研究大氣科學和地質構造絕佳的島嶼，這樣的讚譽不為過。

☀ 颱風的形成條件和結構特性

　　臺灣位於歐亞大陸東南方與太平洋的交界，每年幾乎都是颱風造訪的島嶼，說是侵襲太沉重，畢竟颱風不是只有肆虐臺灣而釀成氣象災害，同時也為臺灣帶來豐沛雨量，以及有利於水力發電。

　　依據中央氣象局的統計資料，平均每年有3～4個颱風侵襲臺灣，**尤其7～9月是我們的颱風季**。颱風對臺灣雖是主要的降水來源，但水能載舟也能覆舟，豪雨也會引發山崩、淹水及土石流等災害，造成民眾傷亡、財產損失和公共建設毀損等，面對颱風，我們

除了敬天，戒慎恐懼、臨淵履薄外，就科學素養而言，能了解颱風的形成條件和結構特性，留意颱風相關資訊和警報，未雨綢繆，做好事前的防災準備，才能降低傷害程度。

颱風的前身，是在熱帶海面持續發展的低氣壓系統，中心附近最大風速達每秒17.2公尺以上，稱為熱帶風暴，受到熱帶風暴侵襲的地區容易產生重大災情。從長期觀測資料與科學研究的結果顯示，形成颱風必須具備足夠的能量和動力。就溫度和緯度的特性而言，形成颱風的前身熱帶性低氣壓擾動的生成位置，絕大部分必須在**海水表面溫度達26.5℃以上、緯度5度以外且遠離陸地的大洋表面**，這說明颱風生成的必要條件，是具有足夠能對流和填充的水氣，還有足夠的動力產生氣流旋轉作用，以及不受地形阻礙、不會消耗能量的環境。

颱風的生成為什麼跟溫度有關？這涉及了熱量的傳播。生成颱風必須要有足夠的熱量，颱風由熱帶性低氣壓孕育而成，最主要的孕育機制是低氣壓中心的空氣柱持續穩定地受熱，導致低壓增強、風速加快。

以臺灣所處的北半球為例。當發展成颱風的熱帶性低氣壓系統，維持在遠離陸地的溫暖洋面上，能持續補充水氣，且風速不因高度而改變，系統中心空氣柱能夠穩定地受熱而持續膨脹，高層輻散和低層輻合也持續作用，中心氣壓持續下降，風速持續加快；另一方面，雲雨帶持續增長，愈來愈寬廣、厚實，系統內的降雨也愈來愈強。當低氣壓中心附近的最大平均風速達每小時62公里以上時，就成為輕度颱風。

形成颱風需要海洋和大氣的交互作用，因此難免受到地理條件的限制。緯度30度以上的海域，水溫通常低於26.5℃，水氣補充不易，然而，熱帶高溫海域並非皆可產生颱風，因為緯度低於5度的海域，因地球自轉造成的科氏力太小，轉動的外力不足以形成水

平旋轉環流。又如南大西洋海域，則因風速隨高度的變化太大，低壓擾動中心或氣旋中心附近的積雨雲容易被吹散，中心空氣柱不易穩定受熱，於是難以形成熱帶低壓擾動。

綜合上述分析，要形成颱風並非一蹴可幾，也不是在海域就能形成颱風，必須兼顧溫度、緯度及其他外在因素。颱風生成系統既要足夠的熱量，也要在適切的緯度和風速變化，才能形成熱帶擾動或風暴，可謂「可遇不可求」。

👁 虎視眈眈的「颱風眼」

颱風是一個水平寬度可達數百公里以上的低氣壓系統，地面環流是逆時鐘方向向內聚集輻合，颱風雲系的垂直厚度平均大約10幾公里，地面的平均最大風速在中心附近，逐漸往外遞減，平均風速每秒14公尺以上的圓形區域，稱為7級暴風圈，從低壓中心到7級暴風圈邊緣的距離則是7級暴風半徑，一般介於100至500公里之間，暴風圈內具有強烈對流發展而成的厚實積狀雲。

常見的颱風強度劃分，是依據**颱風中心周圍接近地面或海面的最大平均風速**分級。各國氣象單位的劃分方式也會因地制宜。

中央氣象局颱風強度劃分

颱風強度	近中心10分鐘平均最大風速（m/s）
強烈颱風	51.0以上
中度颱風	32.7～50.9
輕度颱風	17.2～32.6
熱帶低氣壓	～17.1

美國的颶風強度劃分

颶風強度	近中心1分鐘平均最大風速（m/s）
5級颶風	70以上
4級颶風	58～70
3級颶風	50～58
2級颶風	43～49
1級颶風	33～42
熱帶風暴	18～32
熱帶低氣壓	～17

結構完整的颱風，因低層氣流快速旋轉，雲帶中心可發展出幾乎無雲的「 颱風眼 」，而由高聳積狀雲構成的「眼牆」團團圍住，好像眾多隨扈保護主子「颱風眼」一樣，颱風眼則虎視眈眈遠眺四周的海域和天空。

在眼牆處的對流最為強烈，雲最厚，風雨最強，然後逐漸往暴風圈外圍遞減；颱風眼內則有氣流微弱下沉後，向外流至眼牆。

低層氣流為逆時鐘方向旋轉流向颱風中心；高層氣流為順時鐘方向向外輻散。颱風眼則有微弱下沉氣流。

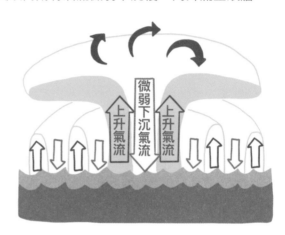

👁 雙颱的「藤原效應」

依據中央氣象局的紀錄，颱風路徑從未完全重複過，頂多某些路徑類似，足見颱風路徑很複雜。颱風移動路徑，受到周圍大尺度環流的影響，驅使颱風的環流愈強大，颱風移動愈快速，方向也愈穩定。若颱風受到數個天氣系統影響而轉向，則其移動速率趨緩。例如，北太平洋熱帶海域的颱風，生成位置大多位於太平洋高氣壓中心的南方，容易受到高氣壓的順時鐘方向環流影響，常見由東向西移動，或在高氣壓中心的西側由南向北移動，形成侵襲臺灣的兩種常見颱風路徑。

颱風氣象新聞報導中，常聽到專有名詞「藤原效應」。「藤原效

應」是指什麼呢？**當兩個颱風中心系統太接近，中心間距約小於1500公里時，可能發生「藤原效應」**，即彼此的環流互相影響，產生兩個颱風以共同質量中心逆時鐘方向互相環繞運轉，就像宇宙的兩個天體旋轉、碰撞、聚合而合併一般。兩個颱風的環流一旦卿卿我我，連結合併，對中央氣象局而言，這種「兩情若是久長時，又豈在朝朝暮暮」的擁抱，徒增判斷路徑的困難度，是一種挑戰。

此外，氣象報告中常聽到颱風增強或減弱為中颱，究竟是怎麼回事呢？中颱颱風的增強或減弱，跟路徑和地形有關。水氣供應減少或地形阻擋，會減弱颱風強度，即使颱風中心已登陸，只要暴風圈一部分在足夠溫暖的海面上，即可吸收水氣中潛藏的熱而不致完全消散；如果繼續移動至高溫海域，則可再次增加強度。當颱風中心完全移入陸地或較高緯度的低溫海域一段時間後，才會減弱為一般低氣壓，最後消失。

氣象報告中的「共伴效應」又是什麼意思呢？**颱風系統中心接近臺灣時，颱風環流與周邊大氣環流會合，這種會合現象稱為「共伴效應」**，容易造成對流增強，嚴重肆虐陸地，加重颱風災情。例如常聽到「秋颱」，秋颱是入冬之前恰好與東北季風發生共伴的颱風，導致臺灣東北部迎風面地帶較常出現風雨災情。

臺灣附近海域出現颱風時，中央氣象局會根據觀測資料繪製颱風路徑預測圖，標示未來數日的可能路徑，並在颱風侵襲臺灣鄰近海域前24小時發布颱風警報，定時更新相關資訊。然而，影響颱風路徑的因素多，即使有超級電腦輔助計算，仍有誤差或不確定度，不過如果時間愈接近，不確定性就愈小。

面對不確定性的颱風，臺灣已累積多年的防颱經驗，可能受到侵襲的縣市居民，應秉持未雨綢繆和「好天著愛存雨來糧」的態度，在防颱警報期間，做足準備，才能降低因災情而受損的程度。

物理小教室 〉 氣壓梯度力與科氏力

　　我們居住的地球，因緯度不同和海陸分布的差異，加上地形起伏和晝夜、季節變化等因素，造成地球表面接受熱量並不均勻，近地表的空氣塊的密度與壓力產生高低的變化。地面上空的大氣壓力分布不均勻，兩地之間具有氣壓差，造成空氣水平運動的驅動力，這個驅動力稱為氣壓梯度力。氣壓梯度力會推動空氣塊從氣壓較大處流向氣壓較小處，這種空氣水平運動形成我們日常生活中的「風」。

　　如果空氣塊僅受氣壓梯度力影響，則氣壓梯度力會決定風向與風速；但地球有自轉現象，地球自轉會使水平運動的空氣分子發生偏轉，如同直線前進的撞球，這顆撞球會邊移動邊偏轉方向。造成風向偏轉的效應稱為「科氏力效應」，這種效應如同在加速運動中的電梯，電梯加速過程中，車廂地板的磅秤讀數與電梯靜止時的讀數不同，而電梯加速度運動時，需考量「假想力」效應，此效應在空氣塊長途運動時更明顯。科氏力作用方向在北半球使風向右偏移，且與風的移動方向垂直。

　　科氏力，是法國氣象學家科若利因以數學描述地球自轉造成的偏向力，故稱為「科氏力」。在北半球，科氏力作用方向與南半球相反，因此北半球氣旋環流的轉動方向是逆時鐘。在地球上運動的物體會受到科氏力的影響，若運動距離不長或時間不久，則因偏向效應太小而無法察覺。例如三分線投籃、部隊打靶、投擲棒球及水槽放水造成的漩渦等，都不用考慮科氏力作用；但如果是季風、海流或發射洲際飛彈，則需要考慮科氏力效應造成的影響。

　　依據科氏力的數學關係式，科氏力受到緯度和物體運動因素的影

氣壓梯度力方向與等壓線垂直，且力的大小與單位距離間的壓力差有關，若忽略空氣密度差異，當壓力差愈大，氣壓梯度力愈大，形成的風速愈大。圖為甲、乙兩地的地面水平氣壓分布圖。當等壓線分布愈密集，水平氣壓梯度力愈大，風速也愈大。

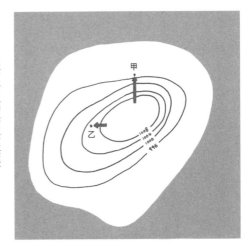

響。物體運動速率愈快，受到科氏力效應的影響愈大；物體所在緯度愈低，科氏力效應的影響愈越小，因此緯度零度的赤道地區，因水平運動感受的科氏力效應幾乎為零，故赤道附近的海域難以形成熱帶氣旋。科氏力效應極微弱，赤道地區的國家無法體會被颱風肆虐摧殘的滋味。

科氏力的量值與所在地緯度及空氣運動速度有關，物體在愈高緯度運動，受到的科氏力效應愈大，在赤道水平運動受到的科氏力為零；空氣運動速度愈快，受到愈大的科氏力。高緯度地區觀測者會以為空氣受到向東的推力，使其運動方向往原運動路徑的右方偏轉。

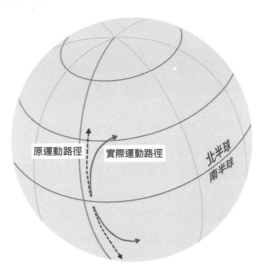

03 鋒面，臺灣雨量的重要來源

NEWS│未雨綢繆，本意是指鴟鴞在未下雨前，就已先行修補窩巢，比喻事先預備，防患未然。在臺灣，相信讀者對此成語更加熟悉，因為臺灣天氣的關係，出門時是否要帶傘，是我們經常必須考慮的事情。

　　想知道會不會下雨，氣象新聞可以提供我們方向，但在更早的年代，沒有電視與網路時，想了解天氣的變化往往要依據個人經驗的累積，尤其是遇到梅雨季、夏季雷陣雨、冬天的寒流等，這些影響民眾生活很密切的天氣狀況。

　　臺灣民謠〈西北雨〉的歌詞：「西北雨，直直落，鯽仔魚愛娶某……」十分貼切描述臺灣夏天雷陣雨的型態，形容雨滴既大顆又厚實；又如臺灣民間諺語「西北雨落袂過田岸」，說明了位於亞熱帶的臺灣，午後雷陣雨是一種常見的氣候型態，西北雨常在夏季午後，下得又急又快，來得快去得也快，驚天動地下一陣後，很快就雲散雨歇，隨即陽光依舊燦爛。

　　蘇軾的詩句：「竹外桃花三兩枝，春江水暖鴨先知。」動物對於天氣的變化，時序的遞嬗，往往比人類敏銳，因此春江水暖鴨先知拿來比喻處於某一種環境中，會預先感受到天氣、環境氛圍等改變的徵兆。

　　談到季節和天氣變化，應該不少人喜愛春天。春天的天氣如何？有人想到春暖花開，有人則認為春天的天氣變化多端，時而溼冷，時而放晴，閩南語俗諺語「春天後母面，欲變一時間」，有人可能琅琅上口，這句俗諺語意指入春的天氣陰晴不定、冷暖無常，就像後母的臉色喜怒無常，脾氣捉摸不定。「春天後母面」是否能

貼切描述春天的天氣型態，仁智互見。不過，氣象局已經不再用「春天後母面」形容春天的天氣。據說民眾向中央氣象局反映，認為「春天後母面」這句話，根本是醜化繼母的形象，氣象局從善如流，不再用這句話形容春天變化快速的天氣型態。

　　冬天呢？臺灣俗諺語：「立冬收成期，雞鳥卡會啼。」意思是指「立冬」時期正值收成季節，放飼的雞或野鳥有穀物可吃，常會生機勃勃，頻頻啼叫。種水果的農家也有句俗語：「入冬柑橘黃，工人滿山園。」柑橘進入盛產期，農人忙著採摘結實纍纍的柑仔，分級包裝出售。

　　有人不喜愛冬天，有人則期待冬天。冬天東北季風的吹襲，伴隨的降水卻大多是霪雨霏霏，寒流來襲時，合歡山、玉山甚至陽明山等地區也可能飄雪。為什麼會飄雪？此涉及雲層內含有液態水或固態的冰雹，以及固態的冰晶和雪花。當液態水或固態的雪花、冰晶逐漸成長，使得上升氣流無法支撐它們的重量時，就會穿過雲層往地面降落。若周遭環境溫度高於攝氏零度，即逐漸融化成雨，若來不及完全融化就已抵達地面，就成為「嘈嘈切切錯雜彈，大珠小珠落玉盤」的冰雹，或「空中灑鹽差可擬，未若柳絮因風起」的紛飛雪片了。

　　本篇就聊聊，為何臺灣會有這麼多種天氣型態。

☀ 滯留鋒是臺灣雨量的重要來源

　　說到影響臺灣天氣型態的因素，「鋒面」扮演了非常重要的角色，且主要是指「冷鋒面」和「滯留鋒面」。

　　依據大氣物理學的定義，冷鋒面是指「**冷空氣推動暖空氣前進的交界面**」，天氣符號是以三角形表示為 ▼▼▼▼ ，既然是「推動」，顯然「冷空氣」比較強悍，勢力較強，因此「冷鋒來

襲」表示天氣要變冷，溫度下降，還會伴隨降雨。如果氣象報告說冷鋒面勢力特別強，大概可以想像寒流威力兇猛，也許是「霸王級寒流」的前兆，須注意寒流可能傷害農作物，這是我們應該具備的科學素養和知識。

臺灣的每年4、5月期間，大概在清明節時，所謂「清明時節雨紛紛，路上行人欲斷魂」，就是指**「梅雨季」，這是臺灣雨量的重要來源之一**。通常梅雨季和颱風季也會使水庫到達滿水位。梅雨季的鋒面是「滯留鋒」，天氣符號為 ▼‿▼‿ ，顧名思義是「**停滯不動**」。為何會停滯不動呢？這就需要用「氣團」」的概念來說明。

「氣團」是指密度、溫度和溼度等3種物理性質很接近的一大團空氣，範圍可以很廣大，甚至連綿數千公里，你可以把「氣團」想成是一大群「志同道合」、「氣味相投」的空氣分子，勢力非常龐大。不同地區形成的氣團，其性質自然有差異，例如，海洋上的氣團水氣含量較高，較潮濕，但高緯度的大陸氣團就比較乾燥寒冷。臺灣的位置正好遇到兩大「氣團」勢力，一個是前面提到引起霸王級寒流的「大陸高氣壓冷氣團」，另一個是「熱帶海洋暖氣團」，一冷一暖，物理性質不同，互相對抗，如果勢力互有消長，就會在臺灣上空呈現不同風格的天氣。

當大陸冷氣團往南移動，在臺灣附近遇到熱帶海洋暖氣團，儘管冷氣團勢力威猛，但此時的暖氣團也不是省油的燈，兩股勢力相當，互不相讓，形成對峙的鋒面，這就是「滯留鋒」。對峙期間，密度較小的暖空氣會沿著鋒面攀爬，形成一連串的對流雲系，於是陰雨連綿，欲罷不能，形成梅雨季節。

☀ 謹慎防範寒流來襲

此外，我們也可以在冬天的新聞報導看到這樣的頭版標題，「強勢冷鋒過境，強烈大陸冷氣團下修最低溫，霸王級寒流威猛超

出預期」，或「帝王級寒流害慘芒果農，收成少3成」。這時氣象主播會引導觀眾一邊看氣象圖，一邊播報的內容。

　　臺灣每年的12月到翌年的2月，這期間的時序進入冬季，幾乎是一年中最寒冷的時期。此時從北方起源的大陸高壓冷氣團「很有默契」地大規模南移，造成臺灣氣溫明顯下降，形成大氣物理學所稱的「寒潮爆發」，亦即媒體報導的「寒流來襲」。而且很剛好，每年的「寒流來襲」幾乎都在臺灣高中生參加升學考試「學測」的期間，或者是過年。

兩個影響臺灣的氣團，一個是極地大陸高氣壓冷氣團，另一個是熱帶海洋高氣壓暖氣團。

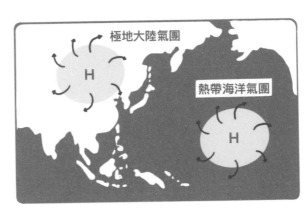

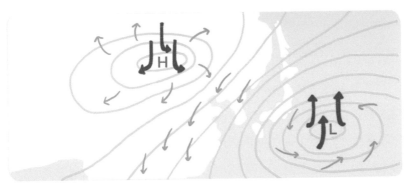

高氣壓系統以H表示，中心氣壓比外圍氣壓高，中心的空氣往下沉降，因此天氣較晴朗。低氣壓系統以L表示，中心氣壓比外圍氣壓低，中心的空氣往上升，因此天氣呈現陰雨。

　　「寒流」是什麼？根據氣象學者的說明，寒流是指**「北方冷空氣大規模地像潮水一樣向南移動，造成大範圍區域急劇降溫的天氣」**，**「冷空氣侵入造成降溫，若平地上的氣溫降到攝氏 10 度以下就稱為寒流」**。顯然，只要聽到新聞媒體報導「寒流即將來襲」，我們就得注意保暖，注意寒害，尤其是辛苦的果農、漁農等，更需要防患未然，做好防寒害的工作，有備無患，避免讓氣象災害造成芒果、虱目魚等受到嚴重凍傷，影響日後生計。

　　附帶一提，古代作戰時，如果能解讀天氣變化，往往能增加勝算。例如三國時代周瑜用計想火攻曹操陣營，當時一切均已準備妥當，只缺能把火吹向曹營的東風，於是耐心等待起風。而諸葛亮的名言：「為將而不曉天文，不識地理，是庸才。」更說明古代作戰將領應具備天文物理、地理環境、大氣科學等知識，才能領軍作戰。

附 錄

01 知識密度高的「吳健雄科學營」

　　珍貴的暑假結束後，開學了，回到學校，同學們話匣子一開：「你參加什麼營隊？好不好玩？交到哪些朋友？有什麼值得聊聊？」成為開學日很夯的問候語，也是開學第一天班導師常常安排的分享主題。

　　有人參加大學系學會辦理的營隊，例如醫學營、電機營、物理營、媒體傳播營等，也有人參加民間企業或學術基金會辦理的籃球營、文學營、編輯營、科學營等，不一而足，各有營隊的特色。

　　以科學營而言，筆者特別推薦課程獨特、知識密度高、學術氣息濃厚的「吳健雄科學營」，提供高中學生未來報名參加暑期營隊參考。

☀ 吳健雄科學營的課程特色

　　吳健雄科學營是由吳健雄學術基金會主辦的科學營，主要學員是高中學生，此基金會是紀念20世紀最偉大的華裔女性物理學家吳健雄博士，由楊振寧、李政道、丁肇中、李遠哲4位諾貝爾獎得主發起創立學術基金會，推廣培育學生人才的科學教育，激發青少年學生的科學才能，栽培科學菁英人才。

　　曾任教美國哥倫比亞大學的吳健雄博士，在全球核物理學領域貢獻厥偉，獲頒諾貝爾獎等級的1978年首屆沃爾夫物理學獎。吳健雄在實驗物理學的造詣與瑪麗居禮相提並論，其最知名的貢獻是

提出宇稱不守恆實驗中的兩項主要關鍵特點「衰變及鈷60原子的自旋宇稱鏡像」，尤其是衰變實驗的卓越成就，更令當代物理學家讚譽。

吳健雄科學營至今已舉辦24屆，10餘屆都在溪頭台大實驗林區辦理，曾因颱風影響而改在彰化鹿港、桃園石門，最近幾年則在杉林溪大飯店。筆者參與17屆，了解6天營隊的課程主軸，涵蓋物理、化學、生命科學、天文、地球科學等領域，課程形式為「主題演講、大師演講、與大師對談、科學夜談、創意海報設計及影片設計競賽」等。

歷年來受邀的大師包含諾貝爾物理獎得主華裔丁肇中、朱棣文、美國籍道格拉斯歐許若夫、日本籍小柴昌俊，化學獎得主李遠哲、以色列籍的切阿諾沃等國際知名科學家，以及美國科學院士、臺灣中研院院長和院士等。

演講主題相當多元，例如曾擔任美國能源部長的朱棣文教授講過「雷射冷卻及捕捉原子」、「全球能源觀」；丁肇中教授談「基本粒子」、「宇宙暗物質暗能量」；小柴昌俊演講「微中子」等諾貝爾獎相關主題，開啟學子更宏觀的視野。

2020年第23屆科學營因新冠病毒疫情影響，原受邀的美國科學院士無法如期蒞臨，蒞臨營隊的學者包含4位中研院院士周美吟、賴明詔、江安世、葉永烜教授，演講主題「第二次量子革命」、「奈米材料的過去、現在和未來」、「未來腦科學」、「看見記憶」、「從舊型到新型肺炎冠狀病毒」、「尋找地球外的海洋」等，大師們以淺顯的語言和生動的比喻描述「量子疊加和糾纏」、「RNA病毒不尋常的特徵」、「人腦神經網路連結體」等，呈現科學家「曲高未必和寡，深入何妨淺出」的表達能力，拉近學子接觸科學研究的距離，也讓學子了解基礎科學研究對人類文明的幫助，體悟學習科學必須「從基本功做起」，研究之路必須耐得住寂寞。

2021年因新冠疫情未辦理科學營，2022年8月1日第24屆吳健雄科學營如期舉行，6天營隊課程圓滿成功。

👁 「與大師對談」，體悟傾聽和如何提問

每場90分鐘的「大師演講」後，休息20分鐘，接下來是90分鐘的「與大師對談」，學員優異的提問能力列為評分項目，每場滿分10點，4場共40點，這是此科學營的特色之一，點數多寡是營隊閉幕典禮頒發金帶獎、銀帶獎、銅帶獎和吳健雄紀念獎評分依據之一，獎學金5000元至10000元。

學員從「與大師對談」中，體悟專心傾聽大師演講的重要，因為提問必須緊緊扣住大師演講的主題，並非離題發問。再者，學員也因「與大師對談」的課程中，了解提問必須掌握「什麼是好問題」的原則，才能取得麥克風提問，獲得較高的點數。例如「質疑權威，對權威理論提出質疑」、「找出演講內容中的矛盾，提出自己的見解」、「分析問題，指出若如何做會更好」、「順藤摸瓜，順著演講者的思考脈絡，指出可能的發展方向，徵詢演講者的意見」、「批判性的問題，提出對問題的另解」等，若能依此原則提問，往往能獲得評審教授團的青睞，獲得高點數及提問機會。

舉例說，北一女學生張美琦聽完江安世教授主題「腦科學，看見記憶」後，順藤摸瓜，依據演講者的思考脈絡，提出：「每個人的記憶速度不同，原因是否與神經傳遞路徑有關？何種因素造成此結果不同？如果可以得知某人過目不忘的神經記憶路線，是否可以學習此傳遞路徑？或者，此傳遞路徑是天生而無法改變？」此問題被評審團列為好問題，指出科學可能的發展方向，也徵詢演講者的意見，提問方向可能為科學研究開創新機。

2020年獲得科學營最高榮譽金帶獎的北一女學生張譯心分享心得時表示，「與大師對談」的課程讓她體悟奠定學科基礎能力的重

要，才能聽懂與理解演講內容，再加以延伸思考問題；此外透過此課程知道別人怎麼思考問題和切入觀點，以及如何提問。

馬公高中的陳吟珍經過4堂「與大師對談」課程後，感受專心聽別人講話的重要，她表示傾聽他人講什麼，才能知道能提問什麼，也深刻體悟自己懂得很少，要更努力才行。

曾獲得2次提問機會的南山高中張薰慈表示「與大師對談」是富有特色的課程，在學校上課無法體驗這樣的腦力激盪和口語表達，在科學營中她領略如何提問的技巧和科學研究的方法，對提升學習能力幫助很大。

北一女科學班學生賴蕙云高一報名2022年吳健雄科學營，班上共13名同學獲錄取參加營隊，她積極主動學習，勇於提問和創作，初試啼聲即榮獲銅帶獎殊榮。她表示，科學營課程內容非常充實，知識密度和創意表現非常高，營隊同儕互相激勵和切磋，成為成長的動力。

👁 「創意海報競賽」促進團隊合作和腦力激盪

創意海報競賽是科學營的課程特色之一，學員可個人或5人以內組團參賽，第一階段由學員就4場大師演講的內容，提出新構想或新觀點，張貼海報展現觀點，由評審團教授評定成績；第二階段由評審團教授按照學員表現的創意能力，評選出優異者，上台公開講述。

創意海報的創作時間大約有16小時，學員形容這是「腦力激盪」的「燒腦」時段，考驗學員們整合大師演講的內容，延伸拓展創意，展現科學理論根據和創見，並能用海報書寫文字和繪圖表達想法，例如武陵高中張智閎的「新壓電材料」即是根據大師演講「奈米材料的過去、現在和未來」延伸思考與發想。

北一女學生李欣璇感觸良深地說：「準備創意海報競賽期間，

我和同隊夥伴通宵達旦查詢資料，互相傾聽報告，提供新建議，團
隊腦力激盪使我獲益良多。看到海報成果展現時，我更驚覺原來同
一個主題也可以這樣思考和延伸。」

👁 科學營對學員的啟發

　　科學營閉幕後，筆者與幾位學生閒聊，了解科學營課程究竟對
自己有哪些啟發。其中幾項幾乎是交集，包含「聽到學有專精的學
者以淺顯易懂的方式講深奧的科學研究成果」、「從大師演講中學到
沒聽過的知識」、「從大師對談中學會如何提出好問題和如何表達自
己的想法」、「3 天晚上的夜談，認識不同領域的學者及其研究領
域，增長知識」、「聽別人發問時，學習如何反思問題」、「交到志
同道合的朋友，一起討論時，總能出現我沒想到且是很棒的想法，
相處非常愉快，體悟什麼是友多聞」、「能在餐桌上近距離與教授談
話，難能可貴，教授解釋她專精的領域，提供高中生選擇未來科系
的建議」、「經過科學營的洗禮，我覺得自己很渺小，懂得太少了，
要更謙虛」、「下山後，我知道我要努力什麼」。

👁 想參加吳健雄科學營，該準備什麼？

　　吳健雄科學營的主要學員是高中生，每年 4 月中到 5 月是報名
期間，因為是篩選制，當年奧林匹亞國手是受邀免費參加學員，一
般學員則視學校成績和英文程度排定錄取順序，若有特殊表現如全
國科展、國際科展、數理能力競賽等更提升優先錄取機會，因此建
議想參加吳健雄科學營的高中學生可加強學業成績和中高級英檢能
力，若有表現奧林匹亞學科競賽或科學展覽競賽的機會，可以把握
機會，並取得科學教師或校長的推薦函。

　　此外吳健雄學術基金會也提供數名熱愛科學的清寒或低收入戶
學生，免費參加科學營，鼓勵這些學生勇於追求夢想。

02 以科學會友的 「科學展覽會」

　　談到「科學展覽會」,有些人會覺得作品內容非常專業,高不可攀、深不可測;然而,簡稱「科展」的科學展覽會,儘管有些內容「術業有專攻」,卻是國內喜愛科學研究的中學生非常重要的舞臺,不只是升學管道「推薦保送」和「個人申請入學」的學習表現重要依據,更是課堂之外「以科學會友」的年度盛會。

以科學相互交流

　　由教育部國立科學教育館承辦的「臺灣國際科學展覽會」是國內中學生科展之一,以此為名辦理國際交流的科學活動,迄今20餘年。追溯「臺灣國際科展」的成立初衷,主要是1982年到1991年選拔優秀的選手代表臺灣到國外參加國際科學交流活動,成績優異,為國爭光;後來逐漸轉型,於2002年,教育部正式更名為「臺灣國際科學展覽會」,邀請美國、加拿大、新加坡、墨西哥、西班牙、匈牙利、泰國、德國、法國、南非、香港等美歐非亞的優秀中學生,到臺灣參加科學競賽的展覽會,以科學交流、互相欣賞、結交益友。

　　以「2020年臺灣國際科學展覽會」為例,原先國外師生逾百人預訂到臺北的國立科教館參加展覽會,因新冠肺炎疫情蔓延全球,最後僅40餘位師生來臺,加上國內通過初選進入複選的中學生選手,人數逾200,在遵守與落實防疫的原則,仍達成以科學會友的

目的,並透過培訓制度和程序,選出代表臺灣出國參賽的國手。

儘管2020年代表臺灣參加美國、土耳其、荷蘭等國際科技展覽會的選手,因新冠肺炎疫情而無法如願出國,但在國內的「臺灣國際科學展覽會」中也已學會「欣賞別人,肯定自己」。

2021年的國際科學展覽會以線上發表作品,辦理線上頒獎典禮。線上發表作品的考驗多,包含語言表達和海報呈現,與實體的評審過程迥異,對臺灣的國手確實是挑戰。

2022年的國際科展,例如在美國舉行的科技展覽會,恢復實體的科學會友,增添更多的選手交流和頒獎的感動。

👁 彰顯科學研究的多元性

以中學生為參賽對象的臺灣國際科展,展覽參賽科別包含哪些?除了數學、物理及天文、化學、動物學、植物學、微生物學、地球與環境科學、生物化學、行為與社會科學外,尚有工程學、醫學與健康、電腦科學與資訊工程、環境工程等,總共13科。

通過初選而進入海報展示的複選選手,最好能以3大張海報呈現作品的梗概與重要結果,需掌握數據解讀、海報製作和成果解說3項重點。

3張海報能容納的文字和圖片相當有限,必須有捨才有得,採用綱舉目張的思維呈現海報,達成「萃取精采、引導思維、邏輯論述、分享新奇」4項目標,表達專題研究成果。

除了製作呈現作品主要內容的海報外,作者也需自我訓練口語表達能力,才能在多元專業的科別中,以清晰條理的脈絡,言之有序,告訴評審委員和喜愛科學的民眾「我的研究主題是什麼?如何研究?有何創新?可以應用在哪些方面?」彰顯科學研究「術業有專攻」的多元和專業。

☀ 得獎是鼓勵，科學會友是收穫

「臺灣國際科學展覽會」是「術業有專攻」的競賽，評審委員必然是專業的團隊，是科教館聘請國內中研院院士、研究員和大學教授所組成，經過初審篩選、兩階段複審和充分討論後，才決定四等獎至一等獎及青少年科學家獎、特別獎的得主名單，以及代表臺灣參加其他國家舉辦的「國際科學展覽會」選手和作品，過程相當嚴謹。

在「臺灣國際科展」中得獎的選手除了獲得獎狀、獎牌和獎學金外，也可能獲得出國參加國際賽的榮譽。筆者認為中學生參加「臺灣國際科學展覽會」，應有積極正面的認知，得獎是鼓勵，沒得獎是砥礪，不論得獎沒得獎，都要再接再厲。除了獎項外，在「臺灣國際科展」的過程中，觀摩國內外作者的作品，互相交流和請益，以科學會友，更是這項展覽會最具深遠意義的收穫。

☀ 中學生如何參加「臺灣國際科展」？

每年的「臺灣國際科展」報名時間約在 10 月初到下旬，需提前一週向學校教務處報名，上網填寫作品主題、指導教師等表件資料，並繳交作品說明書。

「國際科展」的作品是作者的專題研究，是長期研究而完成的作品，因此有興趣參加科展的中學生，必須 1 年前即構思研究主題，規劃研究計畫和實際行動，經過數據處理和撰稿，才可能參賽。

國家圖書館出版品預行編目資料

我們的生活比你想的還物理：新聞時事X日常生活的物理真相大揭密/
簡麗賢 著.-- 初版. -- 臺北市：商周出版，城邦文化事業股份有限公司出
版：英屬蓋曼群島商家庭傳媒股份有限公司城邦分公司發行, 民111.11
面；　公分

ISBN 978-626-318-462-6（平裝）

1. CST: 物理學　2. CST: 通俗作品

330　　　　　　　　　　　　　　　　　　　　　　111016281

我們的生活比你想的還物理
新聞時事X日常生活的物理真相大揭密

作　　　者／簡麗賢
企 劃 選 書／劉俊甫
責 任 編 輯／劉俊甫

版　　　權／吳亭儀、林易萱
行 銷 業 務／黃崇華、周丹蘋、賴正祐
總　編　輯／楊如玉
總　經　理／彭之琬
事業群總經理／黃淑貞
發　行　人／何飛鵬
法 律 顧 問／元禾法律事務所　王子文律師
出　　　版／商周出版
　　　　　　城邦文化事業股份有限公司
　　　　　　臺北市南港區昆陽街 16 號 4 樓
　　　　　　電話：(02) 2500-7008　傳真：(02) 2500-7759
　　　　　　Blog：http://bwp25007008.pixnet.net/blog
　　　　　　E-mail：bwp.service@cite.com.tw
發　　　行／英屬蓋曼群島商家庭傳媒股份有限公司城邦分公司
　　　　　　臺北市南港區昆陽街 16 號 8 樓
　　　　　　書虫客服服務專線：(02) 2500-7718、(02) 2500-7719
　　　　　　服務時間：週一至週五上午09:30-12:00；下午13:30-17:00
　　　　　　24 小時傳真專線：(02) 2500-1990、(02) 2500-1991
　　　　　　劃撥帳號：19863813；戶名：書虫股份有限公司
　　　　　　讀者服務信箱：service@readingclub.com.tw
　　　　　　城邦讀書花園：www.cite.com.tw
香港發行所／城邦（香港）出版集團有限公司
　　　　　　香港灣仔軒尼詩道235號3樓
　　　　　　E-mail：hkcite@biznetvigator.com
　　　　　　電話：(852)2508-6231　傳真：(852) 2578-9337
馬新發行所／城邦（馬新）出版集團 Cite (M) Sdn. Bhd. (458372 U)
　　　　　　41, Jalan Radin Anum, Bandar Baru Sri Petaling,
　　　　　　57000 Kuala Lumpur, Malaysia.
　　　　　　Tel: (603)9056-3833　Fax:(603) 9057-6622
　　　　　　E-mail:services@cite.my

封 面 設 計／FE設計葉馥儀
插　　　畫／楊章君
排　　　版／新鑫電腦排版工作室
印　　　刷／高典印刷有限公司
經　銷　商／聯合發行股份有限公司
　　　　　　電話：(02) 2917-8022　傳真：(02) 2911-0053
　　　　　　地址：新北市231新店區寶橋路235巷6弄6號2樓

■ 2022年（民111）11月初版1刷
■ 2024年（民113）8月14日初版3.1刷

定價　400 元

Printed in Taiwan

城邦讀書花園
www.cite.com.tw

廣　告　回　函
北區郵政管理登記證
台北廣字第000791號
郵資已付，免貼郵票

104台北市民生東路二段141號B1

英屬蓋曼群島商家庭傳媒股份有限公司　城邦分公司

請沿虛線對摺，謝謝！

書號：BU0184　　書名：我們的生活比你想的還物理　　編碼：

讀者回函卡

線上版讀者

感謝您購買我們出版的書籍！請費心填寫此回函卡，我們將不定期寄上城邦集團最新的出版訊息。

姓名：＿＿＿＿＿＿＿＿＿＿＿＿＿＿＿　性別：□男　□女

生日：西元＿＿＿＿＿＿年＿＿＿＿＿＿月＿＿＿＿＿＿日

地址：＿＿＿＿＿＿＿＿＿＿＿＿＿＿＿＿＿＿＿＿＿＿

聯絡電話：＿＿＿＿＿＿＿＿＿　傳真：＿＿＿＿＿＿＿

E-mail：

學歷：□ 1. 小學 □ 2. 國中 □ 3. 高中 □ 4. 大學 □ 5. 研究所以上

職業：□ 1. 學生 □ 2. 軍公教 □ 3. 服務 □ 4. 金融 □ 5. 製造 □ 6. 資訊

□ 7. 傳播 □ 8. 自由業 □ 9. 農漁牧 □ 10. 家管 □ 11. 退休

□ 12. 其他＿＿＿＿＿＿＿＿＿＿＿＿＿＿＿＿＿＿＿

您從何種方式得知本書消息？

□ 1. 書店 □ 2. 網路 □ 3. 報紙 □ 4. 雜誌 □ 5. 廣播 □ 6. 電視

□ 7. 親友推薦 □ 8. 其他＿＿＿＿＿＿＿＿＿＿＿＿＿

您通常以何種方式購書？

□ 1. 書店 □ 2. 網路 □ 3. 傳真訂購 □ 4. 郵局劃撥 □ 5. 其他＿＿＿＿

您喜歡閱讀那些類別的書籍？

□ 1. 財經商業 □ 2. 自然科學 □ 3. 歷史 □ 4. 法律 □ 5. 文學

□ 6. 休閒旅遊 □ 7. 小說 □ 8. 人物傳記 □ 9. 生活、勵志 □ 10. 其他

對我們的建議：＿＿＿＿＿＿＿＿＿＿＿＿＿＿＿＿＿＿＿

＿＿＿＿＿＿＿＿＿＿＿＿＿＿＿＿＿＿＿＿＿＿＿＿＿

＿＿＿＿＿＿＿＿＿＿＿＿＿＿＿＿＿＿＿＿＿＿＿＿＿